移住女子

伊佐知美

新潮社

岩手県

美しい山々に囲まれた遠野の景色。夫婦で営む「風土農園」は、この土地の恵みがあってこそ。(P20　岩手県遠野市　伊勢崎まゆみさん)

©Funny!! 平井慶祐

世界三大漁場のひとつを有する漁業の町、石巻。ここでまだまだ可能性を秘めた漁業自体に魅せられました。

（P36　宮城県石巻市　島本幸奈さん）

新潟県

長岡市の川口に住むきっかけをくれた宮日出男さん・ミヨさん夫妻と三人で（写真右）。娘がおなかにいるときでした。（P49　新潟県長岡市川口　栗原里奈さん）

青々と茂ったさつまいも畑。収穫したさつまいもを加工して「かなやんファーム」で販売もしています。（P61　新潟県十日町市池谷　佐藤可奈子さん）

長野県

持続可能な農村の暮らしが続く栄村。この地に住んで出会った婚約者との前撮り写真は、自然いっぱいの中で撮りました。（P75　長野県下水内郡栄村　渡邉加奈子さん）

この地で始めた「智頭町森のようちえん　まるたんぼう」。子どもたちは自然の中でどんどん成長していきます。（P85　鳥取県八頭郡智頭町　西村早栄子さん）

高知県

自宅に併設したテラスからは毎日贅沢な景色が望めます。アトリエではイラストなどのお仕事もしています。（P95　高知県土佐郡土佐町（嶺北地域）　ヒビノケイコさん）

福岡県

海も山も近くにある糸島で、アウトドアウェディングを行いました（写真中）。普段の私たちの暮らしを体験してもらうワークショップも（写真下）。（P107　福岡県糸島市　畠山千春さん）

© 亀山ののこ（写真中）

はじめに

「このままでいいのかな」
「自分は本当は何がしたいんだろう」
「もう少し自由に生きてみたい」
そんな風に思ったことはありませんか？

私は「これからの暮らしを考える」をテーマにしたウェブメディア『灯台もと暮らし』の編集長をしています。この名前の由来は、近くにあるものはかえって気が付きにくいという「灯台下暗し」。

身近すぎて見逃されがちな「暮らし」に改めて着目し、これまで様々な価値観で生きる人を取材してきました。取材場所は日本全国、時には海外へ行くことも。たくさんの移住者の方に出会う機会がありました。

中でも興味を惹かれたのが、同性・同世代の「移住女子」たちの話です。

「自然豊かな場所で暮らしたい」

「人の顔が見えるコミュニティの中で生きてみたい」

「子育てをするならば、都会ではなくて広々とした田舎がいい」

そう考え、都会から地方へ移り住んだ彼女たち。

自らの意思で人生を変えようと決断し、実際に行動する姿には憧れすら抱きました。


本書は、私が出会った魅力的な「移住女子」たちのインタビューを軸にまとめたものです。彼女たちを取材する中で、自分が動くことで人生は変わっていくのだという想いを強くしました。


住む場所や仕事、付き合う人が一気に変わるのが移住です。

私自身もそうですが、多くの方が進学、就職、親や仕事の事情などで住む場所を決めてきたと思います。ところが、移住するなら、どこに住むかはもちろん、何をするか、誰と一緒に生きていくかを自分で主体的に選ぶことができるのです。そんな機会って、人生で滅多にありません。

そう考えると、なんだかワクワクしてきませんか？

移住がすべてを解決するわけではありません。
でも、「今の生き方以外の道も、もしかしたら私の人生にはあるのかもしれない」。
そう考えるきっかけとして、本書が少しでも役立てばとてもうれしく思います。

装画・挿画　柴田ケイコ
装幀　新潮社装幀室

移住女子　目次

移住女子

移住女子のリアル

遠野の土地と、人に恋をした

岩手県遠野市　伊勢崎まゆみさん

「遠野のことが本当に大好きで！」。初めて伊勢崎さんのことを知ったのは、映画「リトル・フォレスト」の上映記念イベントで彼女が話している時だった。土いじりが好きでたまらないという自然体の魅力と笑顔に、どんどん引き込まれていく。

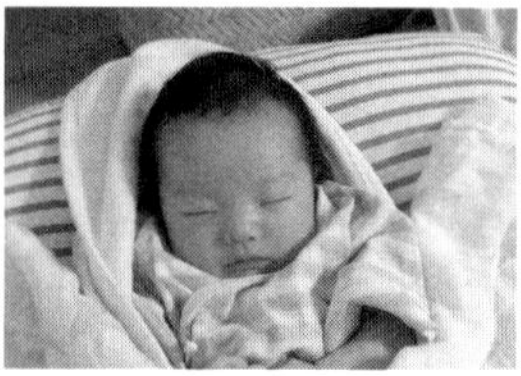

伊勢崎まゆみ　Isezaki Mayumi
移住歴—10年
出身地—神奈川県横浜市
年　齢—40歳
職　業—農家「風土農園」
家族構成—夫、5歳と0歳の子どもの4人家族

© Wasei/ タクロコマ（小松崎拓郎）

■私の大好きな遠野という場所

岩手県遠野市で風土農園という農家を夫婦で営んでいます。育てているのは米と大豆がメインで、割合は8対2くらい。慣行農法ではなくすべて無農薬、無化学肥料、無肥料の自然栽培農法。販路も自分たちで開拓し、顔の見える方々に収穫物を購入していただいています。最近は、そうした収穫物を使用したおせんべいやお餅の製造など、いわゆる六次産業化にも積極的に取り組み中。

岩手県遠野市は、人口約2万8000人の山に囲まれた自然豊かな街。のどかでゆったりとした時間が流れています。柳田國男の著作「遠野物語」の舞台となった場所として知られており、駅前には観光案内所や飲食店なども並びます。

私が暮らす遠野の綾織地域は、綾織という地名にも名残がある通り、織物産業が盛んだった歴史を持つ、伝統ある土地です。山谷川《やまやがわ》の最上流地域に位置しており、流れる水は驚くほどきれい。夏でもひんやりと冷たく、手ですくってそのまま飲めることに最初は感動したものです。

遠野は、昔から馬や牛などの草食動物と暮らす習慣が根付く場所ですが、近年その風習は失われつつあります。その現状を憂い、美しい遠野の自然を未来に継ぐために、夫が立ち上げたのが社団法人「馬と暮らすまち遠野」。私はそのサポート役や、ゲストハウスの運営、イベント企画、オンラインショップの運営のほか、町おこしの一環として青空マーケット「空市」の主催などもしています。

代官山でアパレルの仕事をしていた私が、ひょんなことから訪れ、移住を決めるまでに至ったここ遠野は、本当に美しい場所です。春夏秋冬、四季折々の変化に富み、移住10年を迎えた今年でも、景色の変化には日々心が震えます。

私がそんな遠野に惚れ込む理由は、普段の暮らしそのものにあります。たとえば東京で暮らしていた頃は、食料は買うことが前提でしたが、ここへ来て、育て、収穫するという価値観や、それを加工して備蓄し、厳しい冬を乗り越える糧にするという、まったく違った世界に出会いました。種を植える時期だけでも、自分でやろうとすると本当に難しい。

今日を逃すと同じ季節は1年後にしか来ないし、毎年それがまったく同じということはありえないので、もう日々ワクワクして過ごすしかないんです！　以前取材で「もし明日が地球最後の日だとしたら、何をしますか？」と聞かれたことがありました。思わず口から出てきたのは、「やっぱり最後の日も家族と一緒に土をいじって過ごしたい」という言葉。その気持ちは今でもまったく変わらなくて、やっぱり最後の日が来るとしても、家族と一緒に遠野の自然に囲まれながら、ずっと土と向き合っていたいと思っています。

■憧れのブランドのデザイナーから、独立へ

神奈川県横浜市生まれで、以前の仕事の拠点は東京都心。遊ぶといえば渋谷・原宿界隈。いわゆる「都会の暮らし」を謳歌し、それを心から楽しんでいました。

小さいころからファッションが大好きで、高校卒業後は服飾の専門学校へ進学したかったのですが、九州男児の父は「女だてらに専門学校なんぞ行くものじゃない！」というような厳しいタイプの人で、進学は叶わず。仕方ないかと思い、友達と2人で神奈川県内の元住吉という町で同居しながらアルバイトをしていた時に、弟が「お姉ちゃんの好きなブランドが社員を募集しているみたいだよ」と教えてくれたのが就職のきっかけです。いさんで面接を受け、無事合格。憧れのファッションブランド「エマニエル」の社員として就職したのが、19歳のときでした。

販売スタッフからはじめたのですが、接客は本当に向いていて、日々楽しかった！　お客様に似合う服をおすすめして、喜んでもらえたときの充実感がたまりませんでした。売上も好調で、あれよあれよとメンズラインの店長へ。洋服について「こうしたい！」と意見をたくさん言っていたら、熱意を買われたのか、新しいレディースブランドを立ち上げる際に、なんとデザイナーに抜擢されたのです。周囲にはそれこそ服飾の専門家がたくさんいましたから、ここで洋服作りの基礎を学ばせてもらいました。

独立したのは、27歳のとき。仕事の拠点は代官山のまま、口コミ中心の「看板を出さない

アパレルショップ」の運営を始めました。遊ぶ場所は相変わらず渋谷、恵比寿、原宿など都内の中心部。自宅は都心に引っ越して、付き合う仲間もほとんどが同業者。既製品の販売だけでなく、著名人からのオーダーメイド受注なども請け負うようになりました。今思えば調子に乗っていたかもしれません。自分がいる世界が一番楽しくて、ここ以外に生きる道はない！なんて思っていたのです。

■きっかけは恋

そんな刺激にあふれた生活を送っていたある日、同僚の男性が、結婚を機に田舎に引っ越すと言い始めました。地名を聞いてみると、岩手県遠野市。そんな場所、行ったこともないし、聞いたこともない。

「東京には何でもあるのに、なぜここを出ていくの？」

私には理由がまったく分からなくて、この目で遠野ってやつを見てやろう、と冷やかし半分で彼が新しく住む土地を訪ねることに。それが、私と遠野との初めての出会いです。

友達と2人で遠野に到着した日の夜、元同僚が、地元の友達との飲み会を開いてくれました。そこで遠野にパラグライダーポイントがあることを知ったのです。「やってみたい！」と言ったら、インストラクターを紹介してくれることになりました。

翌日、インストラクターの男性と会うことになって、山谷川の上流のパラグライダーポイントから、2人で遠野の空を飛ぶことに。陸から見ている遠野の美しさとはまた違った印象で、7月の夏の遠野の田んぼ、山、森の緑の色、空の青さや、受ける風の気持ちよさに心を奪われました。

きれいすぎる。そう思って空を飛びながら、同時にインストラクターにも恋をしました。それが、後に私の夫となる、伊勢崎克彦さんです。

東京に戻ったあとも、遠野と克彦さんのことが頭から離れなくて、東京に帰った翌々月の9月に、遠野を再訪。

「もっとパラグライダーをやってみたくなって」なんて言い訳しながら、もう一度克彦さんに会う口実として、パラグライダーに乗せてもらったりして。遠野って、やっぱり綺麗だなぁと思っていました。

滞在中はちょうど遠野祭りの期間で、克彦さんと一緒に行くことに。そうしたら、お祭りの最中に克彦さんが突然ぐったりしているおじいちゃんのところに駆け寄って、「酔っ払って歩けなくなったみたい」と、おじいちゃんをかついでどこかに消えていってしまいました。結局、初めて来たお祭りの会場で2時間ひとりぼっち。

それまでの私なら、女性を一人見知らぬ土地に置いてけぼりにするなんてひどい！と思っていたかもしれません。けれど、このときはなぜかそうは思わなかったのです。困っている人がいるから助けに行くところ、やるべきことの優先順位がきちんと自分の中で決まっているところがかっこいいと感じました。そういう人に出会ったのも初めてで。

それまではどんなお店で働いているかだったり、おしゃれかどうかだったり、あとは新しい情報を話し合える人かどうか、というところに魅力を感じていたもので……（笑）。克彦さんが、「今日は西から風が吹いてるなぁ」とか、山を歩いているときに「この苔、素手で触ってみて！　気持ちいいよ」などと言うたびに、とにかく楽しくておかしくて。

彼が教えてくれる遠野の自然の豊かさはもちろん、彼の人柄にもどんどん惹かれていきました。不思議ですよね、それまでの私とは正反対の価値観を持っている人だったのに。

遠野で暮らすことを決めたのは、３度目の訪問の際。まずは東京に暮らしの拠点を置いたまま、遠野市内にアパートと畑を借りて、東京と遠野を行き来する二拠点居住を始めることにしました。その頃は東京でのフリーランスの仕事が順調で、お金には多少の余裕があったから、やっていけると思ったのです。

そのうち土いじりにも興味を持ち始めました。買う暮らしから、作る暮らしへ。彼の実家は16代続く農家なので、一緒に畑や田んぼに連れて行ってもらったりして。「私も遠野に畑を借りて、自分で耕してみたい！」なんてはしゃいでは、「本当にそれができたらいいな」と考えるようにもなりました。

克彦さんともどんどん距離が縮まり、無事にお付き合いすることに!!　2人で土いじりをしたり、将来やりたい農業の形について話し合ったり……。

そうやって、少しずつ、少しずつ、私の中の何かが組み変わっていくのを感じながら、遠野での時間を楽しんでいました。

でも、東京の友達は、私が二拠点居住を選択する理由が分からなかったみたいです。「何か仕事のミスして、東京にいられなくなったの?」「東京を捨てちゃうの?」なんて言葉を聞くことも……。でも私は、もうその頃すでに遠野の虜《とりこ》だったんです。農業に触れれば触れるほど、今まで知らなかったことが増えて、もっと知りたくなっていく。本当に毎日が新鮮な驚きの連続で、教わりたいことのリストが全然減らない。味噌作りも、納豆作りも、醤油作りもすべて遠野で教わりました。遠野の毎日は、ただただ楽しかったんです。

■結婚、そして移住へ

『リトル・フォレスト』(五十嵐大介/講談社)という田舎暮らしを描いた漫画をご存知ですか?　私のバイブル的な漫画なのですが、遠野の暮らしはまさにそこに描かれている生活そのもの。自然と家族との暮らしをベースにして、未来に美しい自然を継いでいく。変わらない日常の中に変化を見出していく過程は、思った以上に楽しいものです。1日たりとも同じ日なんてない。そのことを、毎日感じられることがもう、ワクワクして仕方ないんです。

実は、移住後10年経った今でも変わらない気持ち。とにかく遠野に惚れ込んでしまって、もっと遠野での時間を増やしたい、ということばかり考えていました。

東京の仕事を整理して、拠点を完全に遠野へ移そう、と決めることが出来たのは、克彦さんとの結婚話が進んだことが大きかったと思います。どうしても遠野で暮らしたかったから、克彦さんと話をして、私の実家にも挨拶にきてもらって……。

両親は、私の遠野行きには大反対でした。東京の家を引き払って、結婚して遠野で暮らすと父に伝えたら、「お前は野菜じゃなくて、男を作りに岩手へ行っていたのか！」なんて怒られました。私は3人兄弟の真ん中、兄と弟に挟まれた唯一の娘だったので、母も遠くへ行ってしまうのは不安だったようです。

でも、克彦さんが、うちに挨拶に来たときに、ものすごくなまっていたんです（笑）。普段から多少方言が出る人ではありますが、緊張からかもう、聞き取るのが難しいくらいの東北弁。あまりのなまり方に、父も和んだのか「いい男性じゃないか」と。もし、パートナーが方言を話す方で、両親への挨拶を控えている方がいらっしゃったら、方言作戦はひとつ有効、かもしれません。

無事結婚・移住した私は、晴れて遠野住民に。最初は2人で遠野市内にアパートを借りながら暮らすことになりました。

■自然栽培農家「風土農園」をはじめたけれど……

「農業がやりたい」と2人とも思っていたにもかかわらず、克彦さんの実家の農家をすぐには継がなかった理由は、彼も私も将来に悩んでいたから。2人とも、信頼する仲間と共に、遠野の自然と暮らしを守り育みたいと思っていました。加えて、彼は馬がいたらいいな、とも考えていたようです。

さらに私たちは、遠野で一般的な慣行農法ではなく、自然栽培農法で作物を育てたいという気持ちを持っていました。彼は遠野の自然を愛していたから、この土地を未来に継ぐためにはこれまでの農薬を使った農法ではなく、川や空気を美しいまま残したいと考えていたのです。

私はその考えに共感もしたし、シンプルに自分たちの食べ物は、安心・安全に育てたいとも思っていました。でも、それを実施するには地域の理解が必要ですし、まずは義父母の了承だって必要です。土地は有限ですから、勝手に義父母の土地を使って自然栽培農法を始めるわけにもいきません。

では、何が難しいのか。他の地方も同じだと思うのですが、遠野では農協を介した農業が一般的だったんです。でも、農協から購入した稲の苗を使って植えると、それはすでに化学肥料や農薬を使って育てられた苗ですから、自然栽培米には決してならない。かといって苗から自分たちで育て始めると、今度は販売がままならない。現状の農協の制度だと、農協が販売している苗を使って稲を育てなければ、農協の持っている販路に乗せてもらえないという決まりがあるからです。

農協のレールを外れて、自分たちで自然栽培農家の道を切り開き、育て、販路まで確保できるか。そしてそれを、義理の両親に理解してもらえるのか。私は最初、1反でも2反でもいいから、少しずつ自然栽培農法に切り替えていけばいいと思っていました。けれど、克彦さんは、やるなら最初からすべて切り替えたい、いやむしろ、綾織全体の田んぼを自然栽培農法に変えたいという夢があるから、自分の家の田んぼはすべて自然栽培農法にするんだ！という気持ちを持っていて……。

結局、義父母の同意を待たず、強引に自然栽培農法に切り替えることに。1・5町分の米を収穫しても、米袋に詰めて倉庫に保管するだけ。昨年の収穫分、今年の収穫分、と在庫だけが増えていくのを見かねた義母に、「ご近所さまに顔向けができないから、もうやめてほしい」と言われたこともありました。

また、自然栽培やオーガニックという言葉は、2016年の今だからこそ世間一般に受け入れられるようになりましたが、私たちが自然栽培農家を始めた2009年当初は、まだまだブーム前。言葉自体はもちろんライフスタイルとしても、価値観としても理解されにくい時期でしたから、遠野市内のほかの農家さんたちからも、「なぜあの夫婦はわざわざ農協の販路を離れるのだろう?」と不思議がられたこともありました。

売れない、理解されない、そもそも自然栽培農法でお米を育てることも難しい。そんな中気持ちを支えてくれたのは、映画「奇跡のリンゴ」で有名な自然栽培の第一人者・木村秋則さんと遠野で出会い、実際に自然栽培農法で身を立てている例を間近で見られたこと。そして彼から影響を受けて、遠野で無農薬のリンゴ栽培をはじめた佐々木悦雄さんや、そのほかにも多くの自然栽培農法を実践する先輩方との出会いがあったこと。

辛くなる時もあったけれど、辞めようとも思いませんでした。川や空気を汚さない自然栽培農法は、美しい自然を取り戻し、未来に継いでいきたいという想いにものすごく沿った選択だと考えていましたし、何より私自身は、土いじりができていることに大きな楽しみを見出していたからです。そもそも、自然栽培農法に必要なのは土作り。農薬や化学肥料を一度使ってしまうと、残留期間を終えるまでに長い時間がかかると言われています。まずは土作り期間が必要だと思っていましたから、その間に売れないからといって諦めるという思考は、私たち夫婦にはありませんでした。

■自然栽培農法への風が吹いてきた

もしかしたら、10年、20年経っても「綾織全体が自然栽培農法に切り替わる未来」は見られないかもしれない。それでも——。そう思っていた頃、予想よりも早い転機が訪れたのは、「風土農園」を始めてから3年目のことでした。

マルシェ販売をしていた東京のオーガニックレストラン「デイライトキッチン」とのご縁が転機のひとつ。オーナーが遠野を訪れ、自宅用にと自然栽培米を購入してくれたり、イベントを一緒に開いて告知の場を用意してくれたりするようになったのです。また、農業の傍らに取り組んでいた環境保全活動で知り合った方々が、「伊勢崎夫妻が作っているなら、買うよ」と買い支えてくれるようになりました。すべての在庫がなくなることはありませんでしたが、そうやって少しずつ在庫が動きはじめていきました。

その後1年間で、環境保全に興味関心のある方々が遠野に足を運ぶようになったり、世の中で自然栽培やオーガニックに対する理解が急速に深まったりと、時代背景にも、非常に助けてもらいました。

そして4年目に初めて自然栽培米が完売したのです。

現在、風土農園は8年目。「自然を守りたい、からだにやさしい作物が作りたいという想いで作られている風土農園のお米だからこそ、買いたい」とおっしゃってくださる方が多く、周囲の目を気にして途中でやめてしまわなくて本当によかったなと思っています。

■家族や地域の人と助け合える、田舎暮らしの良さ

移住を考える人に、将来への不安についてよく聞かれるのですが、実はあんまりないんです。たぶん不安というと、仕事やお金、子育てなどがあげられると思うのですが、今はどれもなんとかなっています。

現金収入としてはおもに、風土農園の売上、家庭用に栽培している野菜類を、定期的にマルシェで販売している売上、副業のオンラインショップの売上、の3点が挙げられます。複数の生業を持つのはリスクヘッジとしても必要なことだと思います。「百姓」という言葉は百の職業をこなす人という意味でもありますから、生業の種類がたくさんあっても、良いのではないかと思っています。

ちなみに、副業については、農業とはまったく別。昔とった杵柄でモノ作りが好きなので、手彫りのゴム印や消しゴムはんこショップの運営や、今の暮らしに合った洋服や小物の制作・販売などをしています。これは、純粋に作業が楽しめて、日々の嫌なこと、たとえば夫婦喧嘩をしたときなどに没頭できる一石二鳥の仕事だと思っています。

風土農園の米と大豆のほか、家庭用として30種類ほどの野菜・果物を育てているので、冬場以外はほぼ自給自足の暮らしが送れていますし、ご近所さん同士のおすそ分け文化もあるので、食生活は豊かです。

子どもたちは2017年現在で5歳と0歳。子育ての不安も多少はありますが、周囲にママ友や親戚がたくさん暮らしているので、相談したり、子どもの衣類のお下がりをいただいたりと、事あるごとに助けてもらっています。将来の教育費について聞かれることもありますが、基本的には親が面倒を見るのは高校生まで、と考えています。でも、その時々で子どもがどうしたいか？に応えてあげられるように準備だけはしておきたい。高校から海外に行ってもいいし、学校に通わずに、好きな道に進んでもいいと思っています。

付け加えると遠野では、保育園の費用もそれほど高くないんです。親のその年の収入によって保育園の費用が変わるのですが、たとえば月に1〜2万円とか。都会だと、無認可保育園に月12万円、なんて話もよく聞きますよね。それとは事情が違いますし、義母もいますから、保育園以外にも預けられる先があることは大きいですね。

遠野だからなのか、田舎だからなのか、「助け合い」が、本当によく機能しています。

■東京とは違うリズムの中で

農家ということもあり、季節に追われて忙しい部分はありますが、やっぱり田舎暮らしは自由だなと毎日感じています。東京にいると、私はどうしてもせかせかしてしまって、自分のペースで生きられませんでした。当時は当時で楽しんでいたけれど、遠野の季節に沿った暮らしのリズムを知って、せかせかしていた自分に気付きました。また、ひとりの存在感が大きいというか、田舎だと「自分」が埋もれないんです。自分が動けば世界はどんどん変わっていくし、自分のペースで自分の世界が作っていける。たとえば私が自然栽培農法に興味を持っていたとしても、東京だと同じことを考えている人がたくさんいます。でも、遠野は人口が2万8000人しかいないから、周りに声が届きやすいのです。私は遠野の自然や克彦さんへの魅力を感じると同時に、「田舎は自分を出しやすい場所でもある」ということに、直感的に気が付いたのではないかと思っています。

今後やってみたいことは、服など、今の暮らしに合ったモノ作りをより本格的にすること。まだまだ夢ですけれどね。

2016年11月に第二子が産まれました。また、これまで別々に暮らしてきた義母と同居することになり、本家での暮らしが始まります。暮らしは徐々に変わっていきますが、変わらないことは遠野の自然が大好きだということと、ここで暮らす人たちが大好きだということ。

新しい学びに満ちている毎日を愛しながら、家族と一緒にこれからも遠野で暮らしていきたいと思っています。

石巻で出会った漁業が天職になった

宮城県石巻市 島本幸奈さん

「海の男は本当にかっこいい」。そう語る島本さん。私自身は漁業に馴染みが薄く、漁師と話したことも数える程しかない。それでも彼女の目を通して漁業を見ると、キラキラした可能性を感じられて、どんどん胸が熱くなってくるのだ。

島本幸奈　Shimamoto Yukina
移住歴―5年
出身地―千葉県君津市
年　齢―25歳
所　属―一般社団法人フィッシャーマン・ジャパン
家族構成―一人暮らし

■惚れ込んだのは、海の男と漁師町

石巻市は漁業の町です。多数の浜が市内に点在し、多くの漁師たちが暮らしています。石巻市に拠点を置く「一般社団法人フィッシャーマン・ジャパン」は、2011年の東日本大震災からの復興をきっかけにつくられた、新しい漁業組織です。

コンセプトは「漁業をカッコよく」。それまで「3K＝きつい、汚い、危険」とされてきた漁業のイメージを一新し、「新3K＝カッコいい、稼げる、革新的」に変えることを目指しています。実際にノルウェーなど漁業先進国では、高収入の漁師も珍しくないので、日本でもやり方さえ変えれば、可能性がある分野なのです。

たとえば「TRITON PROJECT」と称し、漁業体験ができるプログラムや、漁師とのマッチングサービス、漁師志望者向けのシェアハウスを整備するなど、これまでにない新しい活動を次々と展開。若い担い手が減っている漁業の未来のために、新3Kが揃った水産業に関わる多種多様な職種「フィッシャーマン」を1000人増やしたいと考えています。

石巻に出会うまでは、漁業は男性の仕事というイメージを強く持っていました。でも実際に漁業に関わってみると、漁師の仕事は奥さんの協力なくしては成り立たないことを知りました。女性も、漁業に大いに関わることができるのです。私自身も、漁師として漁に出ているわけではありません。

私の仕事はフィッシャーマン・ジャパンの事務方です。「TRITON PROJECT」をはじめ、各種プロジェクトの実質的な運営や企画運営が業務のメインで、毎朝早くから漁に出る、漁師たちの手が回らないところが私の担当。やりたいことが多い石巻の漁師たちのサポートをし、みんなが心置きなく漁に出られるような環境作りを心がけています。

たとえば、漁業に就業したい人の面接・ヒアリングや、漁師とのマッチングのためのスケジュール調整、町の案内やシェアハウスの入居準備。オンラインショップの新商品開発や一般消費者向けの交流イベント、現地ツアーの企画・運営など。土地柄、取材依頼も多いため、各種メディア対応を含めた広報活動も私の役目で、時には漁業認知拡大に向けたパンフレットを作成することもあります。

バックオフィス部門といっても一日中オフィスにいることは稀。地域の人や、漁業に関わる外部の人との調整役も兼ねており、日々たくさんの人に会うため、とにかく刺激にあふれています。

一般に漁師町では、浜ごとに文化や規則が独立していることが多く、フィッシャーマン・ジャパンのように、普段は別々の種類の漁をしている浜や漁師たちが連携するのはとても珍しいこと。震災復興をきっかけに、地元産業の誇りを取り戻すべく個性豊かな漁師たちが手を組んだ三陸。心底「かっこいい」「私もこんな大人になりたい」と思えた人たちと一緒に、この町の漁業に関わりながら過ごせる毎日が、とても大好きです。

■オープンマインドな漁師町・石巻

石巻市は、人口約15万人の地方都市です。ノルウェー沖、カナダのニューファンドランド島沖に並ぶ、世界三大漁場のひとつである「三陸金華山沖」があり、石巻市周辺では様々な漁が盛んです。

海沿いの町らしく、春はワカメやホタテ、夏はホヤ、秋になれば秋鮭、冬はカキなど、旬の海産物を、漁師たちからのおすそ分けとしてたくさんいただきます。私のお気に入りはワカメのしゃぶしゃぶ！　石巻のワカメは肉厚で、歯ごたえがあって本当に美味しいんです。

また、リアス式海岸のため、海と山が近いのもこのあたりの自然景観の特徴です。森のミネラルが溶け込んだ山水が、川から海に流れ込み、その栄養をプランクトンが食べ、魚が美味しく育っていくという豊かな食物連鎖がある地域なのです。

でも、そんな自然に恵まれた石巻は、実は都心へもアクセスしやすいのです。周辺でもっとも大きな繁華街・仙台駅へは電車で乗り換えなしの1本、快速であれば1時間で到着します。朝6時に家を出れば9時前に東京都内へ着くことも可能です。職場の先輩には、月曜日から金曜日までのウィークデーは石巻で、土日は東京都内で過ごすというライフスタイルを送る人もいるくらい。

銀行や病院などの生活に必要な施設も、市内に一通り揃っています。最近は移住者が増え、新しいおしゃれなカフェやショップも増えました。

石巻市内で十分生活は成り立ちますし、都会が恋しくなったら、すぐに別の町にも出かけられる。生まれも育ちも千葉県の私ですが、石巻のほどよい発展具合と利便性の良い立地のおかげで、あまりギャップを感じずに暮らせています。


家は、町の中心部である石巻駅から車で10分程度の、市街地にあります。心地よい暮らしは、職・住・コミュニティが揃ってこそ。広めの2LDKの長屋を一軒まるまる借りきっての一人暮らし。家賃は駐車場込みで4万5000円です。職場も近く、通勤は車で5分程度。知り合いもたくさん近くに住んでいるので、スーパーに買い物に行くと、「幸奈！」と呼び止められ、5分で済むはずの用事が30分以上になることも（笑）。そんな温かい地域の人との関わりが楽しめるのも、石巻の良さです。

オープンマインドでアットホームな人が多いのは、昔から国内だけでなく海外からも漁船が多く着く港町で、新しい人を受け入れる土壌があることが理由な気がします。移住しようとして訪れたのではなく、結果的に石巻に移住することになった私ですが、気付けば地元も石巻も、どちらも「帰る場所」になっていました。

■2週間のつもりが5年に！　きっかけはボランティア

移住のきっかけは、2週間限定のつもりで参加した、東日本大震災のボランティア。働いていたホテルが震災の影響で1ヶ月間休業することになり、その間に、どこか東北にボランティアへ行こうと考えたのです。その時に、ネットの検索で偶然見つけたのが、「NPO法人オン・ザ・ロード」が募集していた石巻でのボランティアの情報でした。

石巻はもちろん、宮城県すら行ったことがなかった私。当時、石巻市周辺の公共交通機関は麻痺していたので、現地にはバスで向かいました。石巻市に入る峠を越えた時に見えた、町の様子は未だに脳裏から離れません。日本有数の漁師町として栄えた面影はほぼなく、海へと続く道はなんとか開通させた1本以外、全滅していました。全景を見渡した時、言葉が出ませんでした。

最初の数日は瓦礫撤去作業を担当。その後は、ボランティアの受付業務を担当しました。当時は車が通れる道が限られており、どの家が、どんな状態で、何人の作業員が、何時間作業すればよさそうかを、あらかじめ受付が予想し、作業員や車を配分する必要がありました。そのため、受付は瓦礫撤去作業を依頼しに来る地元の人と、ボランティアスタッフの両方と関わるポジション。自然と、石巻市にいる人と多く顔を合わせて話すようになり、地元の人とも、日本全国から来るボランティアの人とも、仲良くなっていきました。

2週間が過ぎ、帰る日がきましたがこのまま一時のボランティアで終えたくない。そう思った私は、会社を退職し、無期限でボランティアを続けることを決意したのです。

一度地元の千葉県に帰り、勤めていたホテルに退職の意思を伝え、家族にも事情を説明。特に母はとても心配して引き止めましたが、最終的には私の気持ちを尊重して送り出してくれました。

石巻に帰ってからは、最初に私が応募した「NPO法人オン・ザ・ロード」の職員として、引き続き受付業務を続けることになりました。たくさんの家が津波で流されて、被災者の方たちも住む場所が足りないような状況だったので、多くのボランティアと同じくテント暮らしを始めました。風で飛ばされたり、雪の日に寒くて凍えそうになったりしましたが、テント暮らしは意外と悪くありませんでした。

他のボランティアの仲間とも仲良くなって、大人数でシェアハウス暮らしをしているような気になったものです。

そんな日々を半年ほど続けたある日のこと。瓦礫の撤去作業が一旦落ち着き、町が次の復興の段階に入った時期に、勤め先の「NPO法人オン・ザ・ロード」から、新しい仕事の打診をもらいました。「Yahoo!JAPAN」が手掛けるオンラインモール「復興デパートメント」内の「石巻元気商店」の立ち上げです。東北発の本当に美味しいもの・良いものを、現地の熱い想いを添えて届けるというコンセプトのショップでした。震災でバラバラになってしまった人や産業をつなぎ、新しい商品を開発しながら、石巻の復興を盛り上げていくという重要な仕事。その店長をしないかと誘われたのです。

受付の仕事を通じて、地元・外部の人の両方に関わりが深くなっていたので、当時は顔の広い方だったとは思います。けれど、もともとホテルスタッフとしてしか働いたことがなく、そんな大役を務めきる自信なんてありませんでした。

戸惑いましたが、数ヶ月間の石巻滞在を通じて、東北に生きる人たちの強さに触れ、私もこの土地で生きてみたいという気持ちが強くなっていたので、引き受けることを決意。私が店長兼営業と企画を、もう一人の地元の女性がショップのデザインやシステムを担当するという2名態勢でスタートすることになりました。２０１１年12月のことです。

■漁業ってかっこいい！

店長としての仕事は幅広く、石巻市内の小売店への協力要請や商品ラインナップ交渉、仕入れや在庫確保など、やったことがないことばかりでした。立ち上げ当初は、ボランティア時代のつながりを活かし、醬油屋や水産加工会社との商品開発に着手。けれど、何といっても石巻は漁業で栄えてきた町です。時間が経つに従い、もっと漁業への理解を深め、海産物を多く取り扱いたいと考えるようになりました。

そこで、まずは浜を巡って自分の顔と名前を覚えてもらい、仕事の目的を説明して、漁業に関して教えてほしいとお願いすることにしました。そして、できれば、一緒に船に乗せてほしいとも依頼。これまでは、あまりそういった例がなかったそうで、みな最初は戸惑っていましたが、想いを説明するうち、ぽつぽつと受け入れてくれる人が出てくるようになりました。

実際に漁に連れて行ってもらうようになってからは、漁業と町への見方が一気に変わりました。石巻に住んでいたので漁師の存在はもちろん身近だったものの、会う機会といえば陸《おか》の上。けれど、漁師たちの真髄は海の上でこそ見られるものでした。海が荒れれば文字通り命懸けです。彼らの真剣な姿を見て、本当にかっこいいと思いました。

また、漁業の現場や、ホタテやカキ、ノリなどの養殖の現場を見ることで、海産物が育つ背景にも目が向くようになりました。たとえばカキの種はホタテの殻に、ホヤの種はカキの殻に採苗をします。収穫できるまでは短くても3ヶ月、長いと3年以上かかり、漁師たちはその間ずっと手間暇かけて育てるのです。そうやって背景を知って食べる海産物の味は、また格別！　特に海の上で食べるとれたてのカキは本当に美味しくて、ちょっぴり潮の味がして、濃厚で。作り手の思いとストーリーを知って食べられる幸せとはこういうことかと思いました。

試行錯誤の末、無事に海産物の取扱を開始。すると「石巻元気商店」の商品を買ってくださるお客さまから、たくさんの「ありがとう」の声が届くようになりました。漁師たちはそれを見て、梱包を工夫するなど今までにない取り組みを始めるように。自分の仕事は、日本の漁業の未来にも影響のある仕事なのだと思うようになりました。

その後、たくさんの人の協力もあって、「石巻元気商店」はショップ開設から約1年で、「Ｙａｈｏｏ！ショッピングBEST STORE AWARDS 2012」の「復興デパートメント賞」を受賞。ヒット商品も生まれ、安定して運営していけるまでに成長しました。

「石巻元気商店」が、無事黒字化。店長の職を、地元の誰かに引き継ぐ時期が来たのではないかと考え始めました。

■「力を貸してくれないか？」。その言葉に心が動いた

その後、私は「ＮＰＯ法人オン・ザ・ロード」を退職しました。町の人に挨拶をして、そろそろ千葉に一度戻ろうか、と思った矢先に、地元の若手漁師のリーダー的存在である阿部と、ＹａｈｏｏＪＡＰＡＮの「復興デパートメント」担当の長谷川に呼び出されたのです。

彼らは、石巻生活でお世話になっていた2人。「石巻元気商店」の商品開発でも随分助けてもらいました。その彼らからこう言われたのです。

「今度、石巻の若手漁師たちに声をかけて、新しい漁師集団を作りたいと思っているんだ。実現に向けて、すでに動き始めている。力を貸してくれないか？」

ものすごく、心が揺れました。

「この20年で、漁師の数は約半分に減ってしまったんだよ」
「現役の漁師の約半数は60歳以上で高齢化しているんだ。未来を担うべき20〜40代の若手漁師は、全体の20%を切っている。そして石巻も例外じゃない」
「日本人の魚離れは進んでいるのに、海外からの輸入は増え続けているんだよね……」

これまでも漁師たちの窮状は直接聞いていました。そんな石巻の漁師たちが地域を超えてつながり、「震災復興の町・石巻」ではなく、従来の漁業の枠組みを超え、新たな漁業の価値観を作っていくという構想が、ついに実現するというのです。

当時は、「今後は、石巻で出会った人たちを訪ねる全国行脚の旅にでも出て知見を深め、どこか違う場所に滞在するか、もしかしたらまた石巻に戻ってくるかも……」などと、次の道が見えないまま悩んでいました。

でも、阿部と長谷川の話を聞いて、私は、自分が思っているよりもずっと、石巻の町や漁業、そして阿部たち漁師が大好きになっていたことに気付いたのです。「石巻に残り、漁業に関わって生きていこう」。フィッシャーマン・ジャパンの紅一点として、漁師を支える仕事を続けることにしました。

当時、テント暮らしからシェアハウスに移っていました。けれど、この話を受けるのであれば、もう少ししっかり石巻に根を張って暮らした方がいい。そう考えて、一人暮らしも始めることに。自分のことを、はっきりと「移住者」だと認識したのは、この時でした。

■この漁師町で、漁師と一緒に生きていく

2週間だけの滞在のつもりが、5年間にも及んだのは、石巻と、そこで暮らす人が私にとってそれだけ魅力的だったからだと思います。震災にもくじけず、それをきっかけにどんどんと変わっていく石巻と一緒に、私も変わっていくことができました。

千葉にいた頃は、ずっと「もっと新しい挑戦ができる、私の居場所が他にあるはず」と思っていた気がします。でも、石巻にきて、漁業に出会い、大好きな人達に必要としてもらえたことで、今の私がいるべき場所はここ石巻だと思いました。

結婚や子育てなど、また人生の岐路に立つこともあるでしょう。まだ25歳なので、先のことは分からないのですが、石巻とはずっと関わり続けていたいと思っています。なんといっても、ここは私の第2の故郷ですから。

2016年3月には「株式会社フィッシャーマン・ジャパン・マーケティング」を設立。今後は、フィッシャーマン・ジャパンの海産物が食べられる東京中野の飲食店「魚谷屋」の経営に注力するなど、漁業の魅力をより多角的に発信していくつもりです。これからも大好きな人たちと一緒に、一次産業の発展と、日本の食文化の向上の一助を担っていきたいと思っています。

漁業を軸にした暮らしに興味のある女性は、ぜひ一度石巻に遊びに来てください。美味しいカキや銀鮭を用意して待っています。

移住で得た唯一無二の「私」

新潟県長岡市川口
栗原里奈さん

未来を語る栗原さんの目と言葉はとても力強い。それとは裏腹に、パステルカラーのおしゃれな洋服を身にまとう彼女の姿は「どこにでも居そうな普通の女の子」。彼女は、移住を通して「自分らしさ」を手に入れ輝いていた。

栗原里奈　Kurihara Rina
移住歴―4年
出身地―千葉県松戸市
年　齢―30歳
職　業―「SUZUグループ」社員、「NPO法人思いのほか」代表理事、地域プロデューサー
家族構成―夫、2歳の子どもの3人家族

■「私」だからできる仕事

私は新潟県長岡市川口に住み、「地域プロデューサー」として活動しています。主な仕事は、食を中心に新潟の魅力を広く世に発信し、未来に継いでいくこと。地域に住む方と、外部の方両方に、もっと新潟のことを好きになってもらうためのお手伝いをする役目だと思っています。生まれてからずっとその土地に住んでいる人たちは、住む場所の風景や素材が「あって当たり前」になっているから、魅力に気が付きづらい。でも東京から来た私にとっては、新鮮で、素敵だなと感じることがたくさんあります。

たとえば、移住をするきっかけでもあり、移住してからもずっと面倒を見てくださる、宮日出男さん・ミヨさん夫妻。彼らの家に遊びに行ったとき、何気なく出してくれたお茶がありました。これがすっきりとしておいしく、今までに飲んだことのない味！「何のお茶ですか？」と聞いたら、奥様のミヨさんが独自にブレンドした、野草のお茶だったのです。ミヨさんはブレンドが上手で、作った野草茶をよくお友達にあげていたそうです。最近では販売もはじめたということでした。

こんなにおいしいミヨ茶を「もっと広めたい！」と思いました。ミヨさんとも話してパッケージリニューアルをすることに。それまでのデザインは、ビニール袋に入れたお茶に、商品名が印刷されたシンプルなラベルを貼るというもの。素材を風合いのあるクラフト紙に変え、デザイナーに依頼して荒谷集落のロゴを取り入れて、若い人が手に取りやすい見た目に変えました。パッケージ裏には地域紹介と、ミヨさんご自身のことも紹介した文章を印字。購入してくださった方に背景を知ってもらうための工夫を施しました。

また、ミヨさんをサポートする仲間とともに、荒谷集落のサイトを開設。ミヨ茶の他にも集落の魅力を紹介しつつ、メールを通じて購入できるようにしました。また、新潟県内で人気の飲食店への卸販売や、イベントへの臨時出店も開始。そうすることで、今までの客層とまた別の人々が購入してくれるようになり、売上が伸びました。地元のことを、外の人が評価してくれる。それを見て、野草茶の価値を集落の人が見直し、より生産に意欲を持ってくれるようになりました。

移住してきた私だからこそ、地域の魅力と、外から見た時の新たな価値の両面に気付くことができるのではないかと思っています。それは、私が特別優れた能力を持っているということではなく、身近すぎるから自分たちでは見えにくいだけ。新潟県の魅力はまだまだある。私だからそれを伝えることができるというところに、今までにないやりがいを感じています。

私は移住女子たちのネットワークも作っているのですが、彼女たちと話していると、移住者ならではの気付きは、色々な地域に応用できることだと思います。

■価値観が変わった日

小さい頃からずっと「お金が人生の価値の大半を占める」と考えていた私。高校までは出身の千葉県で過ごし、その後東京都内の短大へ進学。勉強もそこそこに学生生活を謳歌していました。いざ就職となったときは、迷わず給料のよかったエンジニアの道へ。仕事は忙しかったけれど、友達ともたくさん遊び、流行の場所にデートに行って、おしゃれな服を着て、海外旅行をして……。いずれは豊洲かどこかにマンションを買って、キュッとネクタイを締めたスーツの似合う旦那さんと幸せな結婚をして、何不自由なく暮らすと思っていました。もちろん、東京や出身地の千葉から離れることなんて、想像もしていませんでした。

そんな折、東日本大震災が起きました。

2011年3月11日14時46分、私は東京の地下鉄「神谷町《かみやちょう》」の駅構内にいました。今まで経験したことのない揺れに、知らないおばあさんと手に手を取り、慌てて地上に出た瞬間、目にしたのはこんにゃくのようにぐにゃぐにゃと揺れるビル群。「こんなことが起こるはずがない」。そう思いながら大手町にある会社まで歩いて帰り、会社で一晩過ごしました。けれども朝になっても状況は変わらず、それどころか日が経つにつれ次々と明らかになる被災地の状況と、自分の暮らしを取り巻く様々な環境の変化についていけませんでした。

一番印象的だったのが、お米が手に入らなかったこと。震災後しばらく、買い占めなどが発生していたこともあり、私は必要以上の備蓄はしないと決めていました。家のお米が底をついた日にスーパーに向かい、長蛇の列に並ぶこと1時間。やっと私の番がきたと思ったら、なんと私の目の前でお米が売り切れに！　現金を持っているのに、お米が買えない。「なぜ？」という気持ちで、震災前の日常との差にただただ驚きながら帰ったのを覚えています。お金があるのに食べ物が手に入らない。そんなことが自分の人生で起こるなんて、本当に考えたことがなかったんです。

それまでは、お金を基準にものごとの価値を捉えていて、対価を支払えば、食べ物はもちろん、電気も水道も、「当たり前にそこにあって使えるもの」だと思っていました。でも、「生きていく上で必要なものを、お金では買えないことがある」と気が付いたのです。

自分が信じていた価値観が、ひっくり返ってしまった気がして、そこからは世界が全然別物に見え始めました。お金ではない価値ってなんだろう？　次に同じことが起こったとしたら、私はどうやって生きていく――？　今まで描いていた未来がまったく描けなくなりました。東京では家庭を築いて子どもを守っていくことなんて無理だ、と思ったのです。

そう考えた時に、パッと思い浮かんだのが、地方への移住という選択肢でした。

どこか違う場所で、ライフラインがたとえ止まったとしても、ある程度生きていけるような地盤を作ろう！　そう考えるとワクワクしてきたのです。

でも、どんな場所がいいかのイメージも湧かなかったので、まず元同僚が立ち上げた会社の主催するツアーに参加して、週末にピンときた地域を巡ってみることにしました。そのツアーは、地域固有の魅力を観光客に伝え、理解をしてもらうためのもの。大自然を探訪したり、農村や林業地など、独自の風土・文化を持つ土地を訪ねたりと内容は様々でした。

２０１１年６月には会社を退職。自然に関わる仕事をしたいと思っていた矢先に、ご縁があってお誘いいただき、その会社でツアーを運営する側として働くことになりました。以後数ヶ月のうちに東北、北陸、四国など日本全国のさまざまな地域を仕事やプライベートで巡り、自分が住みたい場所を探していきました。

■作業服の王子様

２０１１年７月、新潟県で越後川口のツアー準備をするために現地に行っていた私は、ある男性と知り合いました。彼は、ツアーの川口側のバックアップスタッフで、新潟県新潟市内の市街地で生まれ育ち、社団法人の団体職員として働いていました。

出会い頭に彼が軽トラの荷台に飛び乗る姿にひとめぼれ。さらに鍬を軽々と扱う様子や、鎌で忍耐強く草を刈る姿にも惹かれました。「王子様に出会った！」と思ったのです。そのくらい理想だと感じました。

加えて、ツアーを受け入れてくれていた、仲人のベテランでもある宮日出男さんが、私の恋心にピンときて、２人だけの時間をたくさん作ってくれるという後押しまでしてくれて……。その時に改めてゆっくり２人で話すことができ、思いは確信に変わりました。

私が東京に戻ってからもＳＮＳなどで定期的に連絡を取り合うようになり、晴れて付き合うことになりました。

やがて彼と婚約し、結婚準備とともに、移住にあたって自分なりの準備を始めることに。川口への移住を見据えた私は、東京でまた転職し、「六本木農園」という農家とつながった農業実験レストランで働き始めることにしたのです。震災後、ライフラインでも特に食のことが気になっていたため、農家と食卓をつなぐような活動がしたいと思っていました。店舗でのイベント企画・運営や、「丸の内朝大学」という市民大学の授業の企画・運営なども担当し、そのときの経験がすべて、今の地域プロデュースにつながっています。

そうして震災からほぼ1年後の2012年4月末に移住しました。いろいろな出来事が詰まった、濃い1年間でした。

両親は、私がエンジニアの仕事を辞め、全国を巡りながら働き始めたことに驚いていました。その上、再び転職し、さらに「今付き合っている人との結婚を機に、新潟県に移住したいと思っている」と伝えたので、また驚かせてしまったみたいです。でも私の様子と彼の人柄を見て、みんな安心して祝福してくれました。

学生時代からの友人たちも、みんなびっくりしていましたが、最近は、川口の自宅に遊びに来てくれるようになって、「いいところだねぇ」なんて言ってくれます。

■「二段階移住」のすすめ

結婚後、私が夫とともに最初に暮らしたのは新潟県で2番目に大きな街・長岡市の市街地でした。本当はすぐに川口に住みたかったのですが、家がなかなか見つからず、彼の職場が長岡駅周辺にあったので、通勤を考えてのことでした。

移住して分かったのは、移住先には「田舎レベル」があるということ。長岡駅周辺は、買い物や生活まわりの用事などもすぐ済み、東京都内で生活するのとほとんど変わらない暮らしで、「田舎レベル」はいわば「低」。家から離れた場所に畑を借りて、少しずつ農作業にトライするなど、プチ移住生活ともいえる日々を過ごしました。

一方、川口は長岡市のはずれの中山間地域に位置しており、市街地にくらべて「田舎レベル」は当然高くなります。人口も、もちろん周囲のお店の数も少なくなり、一番近くのコンビニまで歩いたら30分ほどかかります。引っ越してからは通勤時間が片道40分になり、市の中心部から離れた分、自然もぐっと厳しくなりました。

雪国なので、どこも冬場は雪が積もるのですが、平野の多い長岡市街地は数十センチ、中山間地域にあたる川口は2～3メートルと、雪の積もり具合も異なり、また地域の人との付き合いの濃さも変わります。

千葉県生まれの私には、この「二段階移住」がちょうどよかったと思っています。このことについては移住女子の間でもよく話すのですが、移住後の暮らしに不安がある人は、まず地方都市を選んで、「田舎レベル」が「低」のところに住むのがいいんじゃないかと思います。地方都市は仕事の選択肢も多いため、都会と同じように会社に所属して働くスタイルも実現しやすくなります。私は、移住直後からフリーランスの地域プロデューサーとして働き始めましたが、当初は東京へ出張に行くこともあったので、上越新幹線が通っている長岡駅周辺の暮らしは、その意味でも便利でした。

■ご近所との縁を結んで

念願の川口に実際に引っ越したのは、2013年11月でした。川口は約5000人が暮らす地区。中山間地域で山に囲まれ、はっきりとした春夏秋冬の季節の移り変わりはとても美しく、何度見ても眼を見張るほど。けれども一番私の心を摑んだのは、自然景観以上に、2度にわたる大きな地震を経験しても、なお力強く生きる人たちの存在でした。

川口は、2004年の新潟県中越地震の震源地。道路が寸断され、陸の孤島となり、家も潰れ、暮らしも崩れ……と当時もっとも被害が大きかったエリアです。けれども、住民同士が普段から顔の見える付き合いをしていたために、集落の中できちんと助け合うコミュニティが築かれていました。さらに食べ物は自給自足、新潟の米どころだけあって備蓄米もたっぷりとあり、井戸水まであったのです。

災害が起こったあと、どうやって生きていくのか。食料の自給はどうすればいいのか。コミュニティの理想の在り方とは何か。東日本大震災を経て、これらを一人悶々と考え続けていた私は、川口に出会って、未来に光が差し込んだ気がしたのです。

ここで暮らして、私も川口の人のようになりたい。この人たちに、生き方を教えてほしい。人生のロールモデルにしたいと強く感じました。

そんな憧れの川口にやっと見つかった家は一軒家で、間取りは5LDK。居間にある縁側からは小さな川や20メートル四方の庭が一望できます。実はこの家は、宮日出男さんが探してくれました。夫と私が地域にとけこむきっかけをつくってくれたのも宮さんご夫妻。こうした地域との架け橋のような存在が、移住にとってはとても大切だと感じています。

庭で野菜や果物を育てているのですが、畑仕事のコツは近所の方々に教えてもらいました。長岡市街にいた頃もやっていましたが、なかなかうまくいかなくて……。新潟県はシャイな人が多いと言われ、向こうから話しかけてくることはそんなに多くありません。でも尋ねればとても親切に答えてくれるのです。ご近所のみなさんは野菜作りのベテランで、収穫の時期になるとトマトやズッキーニなどたっぷりとおすそ分けしてくれます。保存食のレシピなど、暮らしの知恵もご近所の方が教えてくれます。

最初の頃はご近所の方にお世話になったり、色々教えてもらったりするたびに、何かお礼をしなきゃ!と気を揉んでいました。でも子どもを産んでからはその気持ちも徐々に軽くなっていきました。地域の方々にとって、30歳の私は完全に若者のカテゴリに入り、2歳になる娘に至ってはもう宝のような存在だそうです。子どもの顔を見に野菜を届けてくれる方もいたりして、地域における若者の、そして子どもの存在の重要さを感じます。子どもの存在そのものが地域の方の生きがいを作ったり、喜ばれたりすることを実感しました。

今でも、地域の方には日常的にお世話になっています。用事があるとき、保育園ではなく近所の方に子どもの面倒を見てもらうことも多いのですが、本当に助かっています。体調を崩した時は様子を見に来てくれたり、雪かきに苦戦している時は、さりげなくコツを教えてくれたり、薪ストーブに挑戦してみたいという話を夫がしていたら「もううちでは使わないから」と譲ってくださったこともありました。しかも実装したときにすぐ使えるようにと、乾燥させた大量の薪付きで。

心地良い距離感を保ちつつ、私たち家族を親戚のような温かさで見守ってくれているのを感じます。東京にいた頃には考えられない、ご近所の方との密な付き合いを得て、もしかしたらこれが、移住の醍醐味であり、生きる力を得るために必要なことだったのではないかと思っています。

■暮らしを自ら作り上げる

自分の親世代のように、ひとつの企業に就職して、そこで30年、40年と勤めあげて……という暮らしは、もう当たり前ではありません。変化の時代を生きる中で、自分の暮らしをコントロールできるように力を付けていくことは、もはや理想論ではなく、必須なのではないでしょうか。

私は、いざという時に助け合いができるような、顔の見えるコミュニティを持つ地方暮らしを選びました。

もちろん今でもお金は大切です。でも、以前のように人生の価値の大半であるとまでは思えません。ある程度の食べ物は自分たちで作るなど、お金に頼りすぎない暮らしをしたいと考えています。

自分で暮らしを作り上げ、その暮らしを支えてくれる地方の豊かさを、子どもたちや未来に同じようにつなげていく。そうした地に足のついたサイクルの中で生きていけることが、こんなにも気持ちがよくて頼もしいものなのかと、移住してから日々感じています。

大変なこともありますが、この地域に住み続けるぞ、という気概があれば大抵のことは何とかなると思います。私にとって、それだけ川口は魅力的なのです。

今後も川口、ひいては新潟の魅力を発信し続けていきたいと思っています。ここで、「今の私」だからできることを実現しながら、家族や地域の方々と力を合わせて、力強く生きていきたいし、生きていけると信じています。

「ありのままの私」でいい暮らし

新潟県十日町市池谷
佐藤可奈子さん

農家を営みながら、地域コミュニティ運営や女性向け作業着の開発など、他分野の様々な活動にも取り組む佐藤さん。地域に対する尊敬と愛情が人一倍強い彼女は、凜としつつも柔らかく、誰をも魅了する笑顔を持っている。

佐藤可奈子　Sato Kanako
移住歴―5年
出身地―香川県高松市
年　齢―29歳
職　業―農家「かなやんファーム」代表
家族構成―夫、1歳の子ども、義父母・義理の祖母の4世代6人家族

■「今のままの私がいい」。そう言ってくれた人たち

私は新潟県十日町市の池谷集落という、生まれた場所でも育った場所でもないところで出会った人たちに惹かれ、移住まで決意しました。きっかけとなったのは、国際NGO「JEN」主催の新潟県十日町市・限界集落の支援者募集プロジェクト。大学では紛争解決や人道支援など、国際協力について学び、ケニアやルワンダなどへ何度も足を運んでいた私。その国の人が幸せになり、未来につながるための取り組みを将来の仕事にしていきたいと思っていました。誰かのためになりたいと強く思っていたのです。でも、海外へ行けば行くほど「水がないから井戸を掘る」「お金がないから経済援助をする」という絆創膏的な、対症療法や、日本の考える「豊かさ」を押し付けるような感覚に疑問を持つようになっていたタイミングでのボランティア参加でした。

ボランティア内容は、2004年の中越地震で被災した6軒13人という「限界集落」池谷の農業や行事などの地域作りを共に行う、というプロジェクト。大学3年生の夏休み期間中で、時間のあった私は友達と一緒に気楽な気持ちで申し込みました。

到着すると、そこに広がる景色はいわゆる田舎そのもの。池谷集落は中山間地域にあるため、家や田んぼが山あいに点々と存在していました。集落の住民の平均年齢は65歳以上。でも、想像していたよりも雰囲気はずっと明るく、人が少ないからこそ自分のスペースがたっぷりとあるような気がして、とても心地よく感じました。

最寄りの駅までは車で20分と、線路からも離れているので、聞こえるのは鳥のさえずりや川のせせらぎの音、集落の人の軽トラの扉が閉まるバタン、という音くらい。私は香川県出身ですし、海外でも田舎といわれるような地域に随分行きましたが、こんなに美しく、静かな場所ははじめてでした。

「集落を存続させたい」「都会も田舎も関係なく、いろんな人に来てほしい」。交流会で集落の方々が夢を語り、まっすぐ前に進む姿に感動し、自分も力になりたいと感じました。海外にばかり目が向いていたけれど、ここでだって私がしたかった未来につなげるための取り組みができるのではないかと思えたのです。それからは学校の休みを利用して度々池谷集落を訪れるようになりました。

随分知り合いも増えた頃、いつものように池谷集落のみんなと夕食を囲み、ついつい食べ過ぎてしまいました。満腹になって寝転がり、思わず「あぁ、また東京に帰ったらダイエットを頑張らなきゃ」とつぶやくと、「なぜダイエットをするの？　今のままの可奈子がいいのに」と集落のみんなが不思議そうに言ったのです。

実はもともと体型にすごくコンプレックスを持っていた私。小さな頃から食べることが大好きで、運動も好き。気が付けばがっしりとした体格に成長していました。炭水化物をやめたり、キャベツだけ食べてみたり、痩せると噂のサプリメントを試してみたり。いろいろなダイエットに挑戦しましたが、全然変わりません。

追い打ちをかけるように、家族や友人から「痩せたらもっとかわいいのに」「ちょっと太った？」などと悪気なく言われ、挙句の果てに好きな人から「もう少し痩せたら付き合う」なんて言われて、どうしたらいいのか分からなくなっていました。

この体型がいけないんだ。このままじゃ誰にも認めてもらえないから、早く変わらなくちゃいけない。私は「ここ」にいるのに、誰も「今の私」を見てくれない。現実と理想のギャップに苦しみ、食べるのが辛くなりました。大学に入って上京してからも、自分に自信が持てずにいたのです。集落のみんなの言葉が心に沁みました。

その後も、「太い指は働いている手なんだから、いいじゃない」「丸々して可愛らしいから、可奈子なんだ」「おいしそうに食べている姿が一番お前さんらしい」と、今の私を肯定してくれるような言葉をたくさんもらって……。

私は、もしかしたら私のままでもいいのかもしれない。氷が溶けていくように、ゆっくりと私の中の価値観も変わっていくのを感じていました。

■この希望集落で農家になりたい

「限界集落」と聞いて、思い浮かべるのはどんな土地でしょう。

寂れた土地。年老いた住民たち。吹きすさぶ風に、人が住まなくなって久しい空き家……。

少なくとも私は、そんなイメージを抱いていました。

池谷集落は、「65歳以上の高齢者が集落人口の半数を超え、冠婚葬祭をはじめ田役、道役などの社会的共同生活の維持が困難な状態に置かれている集落」という定義上は、立派な「限界集落」です。たしかに、このままでは数十年後にはこの集落は消滅してしまうかもしれない。でも、だからこそ集落全員がひとつの家族のように助け合い、未来に集落を残そうという意思と危機感が共有されていました。

池谷集落の生業は主に農業。夏は暑く、冬は雪が3メートル以上積もる中山間地域の気候は厳しく、また田畑の位置にどうしても高低差が出てしまうため、場所によって育ち具合が異なるという難しさがあります。自然のリズムに従い、天候や時代、政策に振り回されながらも、それでも諦めずにこの集落の人たちはずっと農業を営んできました。

「作物は、まっすぐ向き合ったら一人前に育つ。それなりに向き合ったら、それなりに育つ。人との向き合い方と一緒だ」

「頭でいろいろ考えたり、言ったりしてもダメ。まずはやってみなきゃあ始まらんよ。失敗というのはない。もう一回やればいいだけだから」

芋を掘ったり、草を刈ったりといった普段の農作業の合間に、池谷集落のみんなからぽろりとこぼれる言葉たち。実体験から生まれる言葉には重みがあり、とても心に響きました。

夏の青々とした美しい田畑を背景に、毎日そんな話を聞いていると、次第に「どうしてみんながみんな、こんなに説得力のある言葉を紡げるんだろう？」という疑問が湧いてきました。「移住女子ファーマーの、山のくらしごと手帖【きぼうしゅうらく】」というブログを作り、池谷集落の日々や印象を書き留めるようになったのはこの頃です。そうすることで、池谷集落の人たちの強さの理由が分かる気がしたからです。ブログを続けるうち、それは農業と向き合うことで生まれる強さなのだと確信するようになりました。

農家は、風土や作物などの自然という、ものを語らない存在から様々なことを学びます。彼らは、土に向かうことで生き方や働き方、哲学、文化を作り出してきました。ひいてはそれが地域の魅力を形作っているのだと気が付きました。

私の価値観を変えた、大切な生き方や人を生む農業。「限界集落だから」という理由で絶やすのではなく、自分も参加することで未来につなげていきたい。一気に農業への興味が湧いた瞬間でした。

そして農業を学ぶなら、池谷集落の人に学んで、彼らのような生きる強さを身につけたい――。池谷は「限界集落」などではなく、自分の学びたいことが詰まった「希望集落」であり、「未来そのもの」のように思えたのです。

■新卒で移住！　初心者からの農家の始め方

池谷集落との出会いから1年。大学4年生になった私は、卒業と同時に池谷集落に移住しようと考えるようになりました。とはいえ当時はＪＥＮのボランティアスタッフでしかなかったので、本当に農家になれるか不安もあり、インターン先の東京都内の企業に内定をもらっていました。でもやはり、池谷集落で農家になる以外の未来が考えられません。

そこで、ボランティア拠点・旧池谷分校の管理人だった籾山さんに相談してみました。すると、就農に必要な田畑などを村の人たちから手配してくれることになったのです。

また、籾山さんがちょうど池谷での研修期間を終えて復職先の茨城県に戻ることから、旧池谷分校の管理人にならないかという話も挙がりました。家賃・光熱費の負担がなく、月5万円のお給料が出る代わりに、週末のボランティアの受け入れや「十日町市地域おこし実行委員会」の手伝いをするというものでした。卒業と同時に移住したいという私にとって、こんなに心強い話はありません。貯金はありませんでしたが、稼ぎ口があるならやっていけるかもしれないと思い、内定をお断りして移住することを決めました。

ただ、両親にだけはしばらく言えませんでした。移住の話がまとまった後に「大学を卒業したら、新潟県十日町市の池谷集落で働くことになりました」と報告しました。香川県から大学進学のために上京した娘が、今度は東京よりもさらに離れた新潟県の山奥に行ってしまうと聞いたら、おおらかな両親もさすがに驚くと思ったからです。幸い住む場所・勤め先が決まっていたこともあり、最終的には心配しながらも前向きに送り出してくれました。

その後はしばらく、池谷集落のみなさんから農業を学びながら、週末のボランティア来訪者の受け入れや地域おこしのお手伝いをする日々でした。集落の人たちは「本当に移住したのかい！」とびっくりしていましたが、農業が学びたいというと照れながらも丁寧に教えてくれるのがうれしかったのを覚えています。

特に、専業農家の曽根さんのもとでは、たくさんのことを学びました。「米は苗で決まる。苗を太く短く育てろ」「作物は人の足音を聞いて育つ。毎日しっかり田畑に通うんだよ」「段取り一番。草や仕事に追われているようじゃだめだ」——農業を教わりながら、生き方を学んでいるようでした。

失敗も多く、教えてもらった通りにしているつもりなのに、芽が出たと思ったらタヌキに食べられたり、やっと出来上がったと思ったら作物の味や大きさが曽根さんとまったく違ったりなんていうことは日常茶飯事。

また、池谷集落の農家の朝は、想像以上に早かった！　夏は朝5時ともなれば畑には人影があり、寝坊扱いされることも。早起きはもともと苦手ではなかったけれど、さすがに慣れるまで時間がかかりました。しかし、太陽に合わせて働くことで、朝の美しさや、日々の暮らしにリズムがある楽しさを知りました。

移住2年目は新潟県の農業研修も受け始め、3年目には分校の管理人を卒業。農業研修を行っている曽根さん宅で、住み込みで農業を学ぶことにしました。

研修中は朝から晩まで農業漬け。それまで習っていた米やイモの育て方に加えて、農機の使い方や手入れ方法、収穫後のことや販売についてなど幅広く学びました。

研修期間を終え、2014年5月にはついに「かなやんファーム」を立ち上げ、個人事業主として就農、独立しました。

■運命の人は居酒屋に！

移住してから、私には大きく分けて3つの悩みがありました。

・同世代の友達がほしい
・一人暮らしできる家を見つけたい
・パートナーがほしい

1つ目の悩みは、町の変化が解決してくれました。十日町市は、2009年から始まった総務省の取組「地域おこし協力隊」受け入れ数が日本全国1位になったこともある自治体。そのため、私が移住した当初はまったくと言っていいほどいなかった若い世代の移住者が、年を追うごとに増え、友達問題は自然と解決していきました。2000年から3年に一度のペースで開催される、十日町市を含む越後妻有地域一帯を舞台とした「越後妻有大地の芸術祭　アートトリエンナーレ」の知名度と人気が上がったのも、背景にあると思います。

2つ目の家問題は、池谷集落に空き家がなかったことで苦戦。新潟は雪国で、空き家が出ても冬場の管理ができず、みな潰してしまう文化があるため、一人暮らしをしたくても、住む場所がなかったのです。

3つ目のパートナー問題。移住後数年経つと、農業や地域おこし、行事など、一人で多くのことに携わるライフスタイルに限界を感じるようになったのです。パートナーと共に農業を営んだり、行事ごとを支えたりするような家族を見て、とても羨ましくなりました。

また、集落の方が話してくれた話も印象に残っています。「俺も、20代までは自分で解決できる問題が多いし、一人でなんとかなると思っていた。でも、年を重ねると一人ではどうしても解決できないものが多くなる。それを二人で乗り越えるために、結婚するんだ」

ところが2つの問題が、一挙に解決したのです。きっかけは好きで通っていた十日町市内の農家居酒屋「ごったく」。

移住者にとってなんでも話せる、いわゆる「愚痴が言える存在」は、とても大切です。地域外で言える人がいるのはもちろんですが、地域の中に頼れたり、気軽に相談できたり、その日にあったことを報告できる相手がいるのは心の安定につながり、定住に影響します。

私にとっては週に1度以上のペースで顔を出していた「ごったく」のママがそんな存在。ある日、ママにいつものように「家がほしい」と話していたら、「可奈子、あの人に相談するといいよ」と、店の中でいつも同じ時間帯にいた地元の男性陣を紹介してくれました。

「一人暮らしの家がほしいんですが、空き家がないんです。どうしたらいいでしょう」と相談したら、彼らの返答はなんと「では建てましょう」で！　男性たちは、十日町市を拠点にする建築家グループだったのです。

「クラウドファンディングを利用して新築の家を建てシェアハウスにする」というプロジェクトを通じて仲良くなったうちの一人が、後に私の夫となる男性でした。

彼とは8歳違いと比較的年齢が近かったこともあり意気投合。池谷集落では私がもっとも若く、他の男性は一番年の近い人でも一回り以上違ったので、気軽に話せる異性は貴重な存在だったのです。

打ち合わせを重ねる中で、共通の友人の話や、私の知らない町の昔話、彼の地域に対する思いなど、様々な会話をするようになり、自然と彼に惹かれていくようになりました。打ち合わせはもちろん「ごったく」。ママも微笑ましく見守ってくれていました。

そして、想定外にすぐ私たちが結婚することに！　新しく建てた家には私たち夫婦は入居せず、池谷集落のＮＰＯ法人が運営することになり、移住してくる人に入ってもらうことになったのです。私は十日町市内の夫の実家で同居することにしました。

結婚後しばらくして、子どもを出産。現在は夫と娘、義理の父母と祖父母という4世代7人の大家族で暮らしており、私は「佐藤」姓になったのですが、周囲には「佐藤村」ができるのではないかと言われるほど、親戚も多く暮らしています。以前のように行事への出席や雪かきで困ることもなく、子育ての面でもかなり助けられています。娘が歩けるようになってからは農作業に一緒に連れていくことも増えました。親戚が多いので洋服のお下がりもたくさんいただきました。今は育児費用もそれほどかかりませんが、未来の教育費をまかなえるように、夫婦で少しずつ貯金をしています。

■「生きる」を味わえる農業の楽しさを伝えたい！

移住をしてから祈ることが増えました。正月には「どんど焼き」で五穀豊穣を祈り、1月の「鳥追い」では鳥害を防ぐために子どもたちが集落を練り歩きます。また11月には「農神祭」が行われ、無事収穫できたことを集落住民全員でお祝いする儀式をします。人間にはどうすることもできない自然相手だからこそ、祈りを捧げる意味があるのだと思います。それは不思議な感覚で、信じる神様がいたわけではなかった私にも、農業を営んでいると、神様がいるような気がしてきます。

自然を扱っているからこそ、そうした自然のちょっとした変化に敏感にもなりました。今日は風が気持ち良いとか、稲がちょっと育っているとか、昨日はいなかったのに、おや今日はおたまじゃくしの卵が産まれているぞとか、昨日との違いに気付いてうれしくなります。

そして、何より朝が大好きになりました。田舎の朝は本当に気持ちが良いんです。窓を開くとひんやりとした風が通って、さぁ今日も新しい1日が始まるぞと気合が入ります。

私はとても飽きっぽい人間だと思っていたのですが、自然は毎日違う表情を見せてくれるので、飽きるということがありません。自分はこんなことにも感動できる人間だったのか、と知ることもなんだかおもしろい。

私が毎日楽しく生きていられるのは、池谷集落の人と農業に出会えたおかげです。学生時代は「働く」というと、会社などの場で誰か他の人と働くイメージを持っていたのですが、農家は自然と一緒に働きます。

だからこそ、中山間地域に移住したいと思う方には、家庭菜園でもいいので農業に携わってほしいと思います。自然とともにある一次産業には、地域で生きることの根幹の素晴らしさが詰まっていると思うからです。

コンプレックスを感じていた頃が嘘のよう。今でも痩せているとは言いませんが、見た目よりも、まっすぐに自分という人間を育てていく方がずっと大切だと分かったのです。

■これからの移住女子たちに向けて

地域の人に支えられて、今の私があります。今度はそれを還元・恩返ししていく仕組みを作りたいと考えています。

農業を通して教わった生き方や哲学といった大切なものを未来につなげるための、里山農業や地域へのレール作りもそのひとつ。たとえば移住女子が集って作るフリーペーパー「ChuClu」や女性用農作業着「NORAGI」(現在は親子のファミリーファームウェアとして展開）、若手農家グループのプロデュースなどを手がけています。

出産を経てからは、子どもの生きる未来についても、これまで以上に考えるようになりました。娘が産まれてからは、私も池谷集落で生きる一人の大人として、背中を見られているのだと大きく意識が変わったのです。農業と保育の融合を図るため、地元の雪下野菜を利用した離乳食開発に取り組んだり、これまでの事業を集約して法人化することで雇用の受け皿作りに挑戦するなど、様々なことを目論見中。

どこだって大変なことはあると思います。それならば、なりたい大人がいたり、等身大の自分でいられる場所で暮らしてみるのもいいと思います。

一緒に農業を盛り上げたいという人が増えてくれたら、これほどうれしいことはありません。いつでも池谷集落で待っています！

地域ならではの仕事の組み合わせ方

長野県下水内郡《しもみのちぐん》栄村《さかえむら》
渡邉加奈子さん

「移住後、仕事に就けるだろうか？」移住を考えたことがある人なら誰もが抱く不安。いくつもの季節労働を生き生きとこなしてきた渡邉さんは、「地方にはたくさん仕事がある」と言う。地域ならではの仕事について話を聞いた。

渡邉加奈子　Watanabe Kanako
移住歴―8年
出身地―大阪府寝屋川市
年　齢―34歳
職　業―地元新聞事務員、直売所スタッフ、青倉米の産地直送スタッフ
家族構成―一人暮らし

■静かで、時間がゆっくり流れる村

ある朝「ピンポーン」と玄関の呼び出し音が鳴り、ドアを開けたら「これ食べて」と、ご近所さんが収穫したての野菜と、まだ湯気の立つ作りたてのお惣菜を持ってきてくれていました。普段からいろんなご近所さんがおすそ分けをよく持ってきてくれるのです。

家の周りは見渡すかぎり稜線が連なり、窓の外を流れるのは雄大な千曲川。ここから数キロ北から川は信濃川と名前を変え、新潟県に入り、日本海へと流れ込みます。長野県最北、新潟県との県境にある栄村は、冬には2〜3メートルも降り積もる雪で覆われます。

最寄り駅のJR飯山線森宮野原駅に停まるディーゼル列車は、多くても1時間に2本。駅から私の自宅までは、車で大体3分。私が暮らすのは、時間の流れがゆったりと感じられる、人口2000人の村です。

この村に越してきたのは、今から8年前の2008年春のこと。

もともと私は大阪生まれ、大阪育ち。

移住すると決めた時、特に家族はとても驚いて、「なぜわざわざ地縁のない長野県に？」「田舎に住みたいなら、大阪にもあるやろう。（父方の実家の）福岡だっていいんちゃうん？」と疑問を投げかけられました。でも、私はどうしても栄村で暮らしてみたいと思ったんです。

■山村留学してしまおう！

私と栄村をつないでくれたのは、大学3年生のとき、ゼミの研究テーマを探すうちに出会った1冊の本、『自立をめざす村——一人ひとりが輝く暮らしへの提案』（岡田知弘・高橋彦芳著／自治体研究社）。この本で小規模ながら持続可能な地域づくりに取り組む、栄村の存在を知りました。村民それぞれが地域のことを考え、自分たちで何でもしていこうという独立精神を持つところに強く惹かれました。ゼミの先生に話したところ、「著者に手紙を書いて、感想を送ってみたら」とアドバイスをされて、元栄村村長の高橋彦芳さんにご連絡したのが移住のきっかけです。

高橋さんに手紙を送った後、「ぜひ、おいでください」と丁寧なお返事をいただき、実際に訪問することに決めました。最初は「日本昔ばなしに出てくるような家！」と、人生で初めて見る「田舎の風景」にいちいち驚いていた記憶があります。

訪問の後、私は大学の卒論テーマを「栄村のむらづくり」とし、その後何度も栄村に足を運ぶようになりました。心のどこかで栄村のような田舎でいつか暮らしてみたいという気持ちも芽生えていました。

毎日大阪の電車に揺られて、ビルに囲まれて暮らしていた私には、四方を山に囲まれた栄村の四季の移り変わりの鮮やかさや、それを知らせる旬の食材、道端に咲く花、虫の鳴く声など、すべてがとても新鮮に感じられたのです。

また、教科書で習ったような地域内の助け合いの精神が息づく村の在り方そのものも、都会っ子で地域活動なんてほとんどしたことのない私には面白く感じられました。

何より田舎はごはんが美味しい！　足を運ぶ度に知り合いも増え、村の人から「加奈子！」と名前で呼んでもらえるようになる頃には、栄村が自分の故郷のように感じられ、大学を卒業し社会人になってもプライベートで遊びに行くようになりました。

仕事が終わった金曜の夜に夜行バスに飛び乗って、大阪から栄村に通う日々。3年ほどたった25歳の3月、勤めていた大学職員の契約更新の時期を迎えました。

このまま更新するか、正職員になるための試験を受けるか、はたまた辞めるか。

「3年真面目に働いたんだし、1年くらい山村留学のつもりで栄村で暮らしたっていいだろう」

あまり迷わずさっぱりした気持ちで、私は退職を決意。翌月の4月から、栄村で暮らすことにしました。そのときは、まさかその後ずっと暮らすことになるとは夢にも思っていませんでしたが……。

■初めての一人暮らしは田舎の一軒家で

移住するとなったら、色々と決めなければいけないことが出てきます。まずは住居。これは、栄村に通う中で知り合った村の方に「移住を考えている」と伝えたら、月1万円で住める一軒家を紹介していただけることになったので、即解決。実際に休日に見に行ってみると、3LDKの小さな一軒家ですが、一人暮らしには贅沢なくらい！

次にお金。私はそれまでの仕事で貯めた、現金100万円を移住資金に充てることに。当座のお金としては十分だろうと考えました。

そして仕事。色々と悩んだのですが、できればフルタイムの仕事には就きたくありませんでした。せっかく移住するのに、大阪の頃と同じような働き方を選んだら、結局都会のライフスタイルとあまり変わらないと思ったからです。私の移住の目的は栄村に住んで、この村のリズムにどっぷり浸かること。そうすることで、今まで知らなかった生き方・暮らし方を学べるのではないかと思ったのです。

遊びに行ったときにちらっと聞いたり、ネットで探してみたりしましたが、しっくりくる仕事は見つからず。当座は100万でしのいで、アルバイトでも探せばいいやと、仕事は見つからなくてもとりあえず移住することにしました。

■村の暮らしを学びたい！

通ううちに顔見知りも増えていたので、移住後も気軽に相談できました。9時5時勤務に残業付きの仕事から解放され、村の暮らしを学びながら生活をはじめたのです。ここで仕事をすることで、より村の暮らしを学べるのではないかと思っていたので、仕事探しも継続していました。

栄村にしばらく暮らしてみて、挨拶を交わす程度だった地域の方々と会話をして山菜の見分け方や茹で方やらを教えてもらえる頃になると、移住前には見えなかった世界が見えるようになってきました。

地域では働き方がそもそも都会と異なります。自然のリズムの中で季節労働が生まれていて、それはごく当たり前の働き方のひとつなのです。また、少子高齢化や過疎化の影響で、人手不足に悩んでいる現場が多いということも知りました。

特に栄村は紅葉からスキーシーズンまで観光客がそれなりに訪れる地域の上、新潟県との県境に位置するため稲作も盛んで、春夏から秋にかけては観光業、農業も忙しく、通年で見ると色々な業種の仕事があります。

雪深い地域のため、出稼ぎの文化も健在。たとえば農閑期の12月などは、農家さんが遠方のかまぼこメーカーに出稼ぎに行き、おせち作りに従事。かまぼこや伊達巻作りが落ち着いた年末に村へ帰ってきて、農作業の始まる4月までは何もしない、という働き方をする人がいるほど、季節労働への理解が深い地域であるということも分かりました。

たとえば栄村の農家の基本的な年間のリズムは以下のようなものです。

・4月下旬頃：雪解けを見て、農作業の準備を開始（土作り、種まきなど）
・5月〜11月まで：農家の繁忙期
・11月下旬頃：農家の繁忙期収束へ（収穫、片付けなど）
・12月〜3月：積雪のためそれぞれ冬仕事へ（スキー場運営、除雪作業など）

実際に私が行った季節労働や期間限定の仕事がこちらです（金額は月あたりの目安）。

・農作物の収穫（トマトなど）　8万円〜
・繁忙期の農家手伝い（肉体労働）　5万円〜
・農産物直売所のレジ係　5万円〜
・紅葉〜スキーシーズンの宿泊施設のスタッフ（レストラン、受付、仲居）　5万円〜
・スキー場のスタッフ（レストラン、リフト係）　5万円〜
・大手製薬会社の原料採取補助　3万円〜　など

移住初年度はとにかく色々な仕事に挑戦してみたかったので、来るもの拒まず、お話をいただけたものは基本的にすべて受けていました。一人暮らしの若い女子がぶらぶらしているということで、声をかけやすかったのもあるようです。

中でも印象に残っているのは、「大手製薬会社の原料採取補助」です。具体的には、8〜

9月に笹の葉を採るために山に入る、という仕事。笹は漢方薬の原料になるそうで、隣村の山が採取場のひとつになっていました。ある日村のおばあちゃんに「時間があるなら、一緒に笹採りに行がねえか」と声をかけてもらったのがきっかけ。「行きまーす」と軽く返事をして、当日行ったら「では山に入りましょう」とバスで連れられ、袋がいっぱいになるまで笹を採り続けることになりました。報酬の支払い方は1グラムいくら、という歩合制。山に入って作業するのは素人にはなかなか難しく、体力勝負だったので正直心が折れそうになったのですが、10回出勤したら製薬会社主催の慰安旅行に行けるというので頑張って10回達成！　見事、村のおばあちゃんたちと一緒に北陸・金沢旅行に出かけたという思い出もあります。そんなユニークな仕事の他、スキー場で働いたり、稲刈りの手伝いをしたりと、栄村ならではの仕事をたくさん体験しました。

■お茶を飲んでいたら仕事がやってきた！

季節労働の募集情報は、ハローワークやウェブなどではなく、信頼関係の出来上がっている地域内コミュニティで回る傾向にあるので、口コミで仕事を探すためには、先に地域の方との関係性を築くことが必要です。

では、具体的にどうやって信頼関係を築いたらいいのでしょう。私の場合は、自宅でお茶を飲んでおしゃべりする、「お茶飲み」に誘われたら、できるだけ足を運びました。とにかく村の暮らしを学びたい、という気持ちが強かったので、最初は特に地域の方と過ごす時間やお誘いを優先するのを心がけました。すると、信頼を得たり、色々な相談がしやすくなったのです。

一人気軽に話ができる人が見つかると、その人が他の村民の人を紹介してくれて、仕事の斡旋につながったり、さらには同世代のお子さんがいる家族を紹介してくれて友達が増えたりと、良い循環が生まれていきます。

移住という一歩をせっかく踏み出した方には、ぜひ地域への一歩も勇気を出して踏み出してほしいと思います。

■移住して変わった私の仕事観

移住から8年。様々な季節労働を経験したり、一時期固定の仕事に就いてみたこともありましたが、現在は以下3種の仕事を組み合わせる形に落ち着いています。

- 地元紙のパート事務員（週5日、午前中のみ）
- 栄村直売所スタッフ（シフト制）
- 青倉米の産地直送スタッフ（実働7日／月あたり）

これらはやはり口コミで見つけた仕事で、地域の方と仲良くならなければ、任せてもらえなかったと思います。青倉米は青倉集落で暮らす村民有志が集い、共同で生産しているお米で、私もメンバーの一人です。

よく、「田舎には仕事がない」と言われますが、私はそうは思いません。

季節労働はもちろん、一次産業や伝統産業の担い手など、日本全国どこでも今は「地域の猫の手となれる人材」が求められているのではないでしょうか。移住して、起業や正規雇用を目指すのももちろん良いですが、地域の状況や季節、自分のライフステージに合わせて、仕事を柔軟に変えていくという仕事観も、十分アリです。自分さえ見つける「目」を持っていたら、どこでも仕事は見つかるのではないかと思います。

移住したことで「仕事」という固定観念から自由になれました。複数の仕事を並行して掛け持ち、組み合わせることで、どこでも働いて生きていけるという自信もつきました。

こうやって色々なコミュニティに所属する中で出会った人と、今度結婚する予定があります。専業農家の家に嫁ぎます。それでも大丈夫だと胸を張って言えるのは、移住して、栄村の人との関係性を築きながら、様々な仕事を得て生活してきた経験のおかげです。これからは、どこでだってたくましく生きていける、そう思っています。

自然を生かした子育てを実現！

鳥取県八頭《やず》郡《ぐん》智頭町《ちづちょう》
西村早栄子さん

「『森のようちえん』があるから智頭町に移住しました」。そんな家族が、この数年で25世帯100名近くいるという。「移住しないと損な気がした」とまで訪れた人に言わしめる智頭町の魅力は、西村さんの人柄にもあるようだ。

西村早栄子　Nishimura Saeko
移住歴—16年
出身地—東京都町田市
年　齢—44歳
職　業—「智頭町森のようちえん　まるたんぼう」「空のしたひろば　すぎぼっくり」「新田サドベリースクール」「はじまりの家」経営者
家族構成—夫（単身赴任中）、16歳、10歳、7歳の子どもの5人家族

■いつか田舎で暮らしたい

「鳥取県出身なんだ」。付き合い始めた彼氏がそう言ったのを聞いて、当時大学院生だった私は内心ガッツポーズ。小さな頃から自然が大好きで、いつか田舎に移住したいと考えていました。しかもどうせなら中途半端な地方じゃなくて秘境を選びたかったので、鳥取県はイメージにぴったりだったんです。

妊娠をきっかけに学生結婚し、夫の就職を機に鳥取市内の彼の実家に夫婦でUターンしました。出身は東京都町田市。大学時代までを都内で過ごし、その後は熱帯林の勉強をするために、沖縄、京都、ミャンマーなど様々な場所に住みました。でも、実際に暮らしてみると、鳥取県はこれまで暮らしたどの場所よりも今の自分に合っていることが分かりました。山や森、海や砂丘などの自然と距離が近く、日本一人口が少ない県だからこそ昔ながらの日本のよさが残っている。何より物価が安いのに質が良く、生活の満足感が高かったのです。

鳥取市内に2年ほど住むと、夫婦ともにさらに田舎に移住したいと考えるようになりました。理由は、より自然に近い場所で子育てがしたいと思ったから。第二子の妊娠をきっかけに、私たちは職場から少し離れた隣町の、八頭郡智頭町に移住することを決めました。そして、その選択が、私の人生を変えてくれたのです。

■ここで「森のようちえん」をやってみよう

智頭町は、鳥取市内から車で30～40分ほどの距離にある、人口7400人の小さな町です。公共交通機関はJR因美線、智頭線と町営バスのみで、本数は1時間に1～2本。スーパーやコンビニは駅周辺のみ。土地の93％が森林と、とても田舎ですが、その分水や空気がきれいです。

家は最寄り駅から車で10分ほどの距離にあります。築70年の古民家を買い上げ、時間をかけて自分たちの好きなように改築しました。裏山から引かれた水を飲み、持ち山から木を切り出して、薪を割って燃料にする生活。

そんな毎日を過ごしていると、だんだんと子どもたちの様子が変わってきました。外で過ごす時間が増えたからか、自然に目が向くようになり、長女は苦手だった虫やトカゲを片手に、小学校から帰ってくるようになりました。また毎日往復8キロを歩いて登校しているからか、骨密度調査で全国平均比130％の数字をたたき出したことも。風邪も引きにくくなりました。田舎暮らしを、私たちと共に楽しみ始めていたのです。

そんな子どもの変化を見ていると、次第に「森のようちえん」がやりたいという気持ちが芽生えてきました。

「森のようちえん」とは、特定の園舎を持たず、森をフィールドに自由に子どもを遊ばせるのが特徴の幼稚園の総称です。発祥は1950年代のデンマークで、コンセプトは「見守る保育」。もちろん安全には細心の注意を払いますが、子ども自身の考える力を伸ばすために、大人は必要以上の口出しをしません。今や日本国内にも150以上の森のようちえんがあるといわれています。

私が森のようちえんを知ったきっかけは『デンマークの子育て・人育ち』（澤渡夏代ブラント著／大月書店）という一冊の本。読んだ当初は、「こんな幼稚園があったら子どもを通わせたいな」と思っただけでした。でも、智頭町が、まさに森のようちえんを実施するにはぴったりの環境なのだと気が付いてから、考え方ががらりと変わりました。

■「子どもが変わる、母親も変わる、地域も喜ぶ」の三方良し！

とはいえ起業したことなんてなく、いきなり幼稚園を始めるには知恵が足りません。智頭町では人材育成塾に参加していたので、最初はそこに提案しました。当時は、ちょうど町の小規模保育園が閉園してしまったタイミング。私はその魅力を残したいとも思っていたので、まずは小人数で、定期的に森へ遊びに行く「おさんぽ会」から始めることにしたのです。

すると、回を重ねるごとに参加者が増加。子どもたちもおさんぽを楽しむ姿が見られるようになりました。幼少期の子どもの柔軟性は非常に高く、最初は親のそばから離れなかった子も、徐々に自分から積極的に森の中を歩くようになります。

何より、自分で興味のあることを見つけ出し、遊び込む力が身につきました。「虫を触っていい？」「石をとってきてもいい？」となんでも親に聞いてから行動する癖がついていた子どもが、自分の頭で考え、試行錯誤しながら、工夫して遊ぶようになっていったのです。顔つきが変わり、自分から進んで意見を言うなど、積極的になった子もいました。

翌年には智頭町の補助金を得て、仲間と一緒に「森のようちえん　まるたんぼう」をオープン。運営を本格的に始める頃、私はもうひとつの大きな変化に気が付きました。

それは、母親である私自身の変化です。子育てがとても楽に、そして楽しくなったのです。「森のようちえん　まるたんぼう」の方針は子どもの育つ力を信じ、見守ること。たとえば、子どもが森の中でリュックを置きっぱなしにして先に行こうとしても、余計な声はかけず、そのままにしたからといって持って行ってもあげません。森を進む中でその子自身が「あれ？　リュックがない」と気が付いて、「取りに行く」と言うまで放っておきます。もちろん安全面への配慮は一番の問題なので、そこはしっかりと気を配りますが、そうでない場合は基本的に子どもたちの気付きを待つのです。それが、最終的には子どもの成長につながるから。

やはり最初は見守ることが難しく、手や口を出しそうになったりと、不安やもどかしさがありました。でも、それを一度乗り越えると、指示をしなくても、子どもは自分で気付いて成長していくのだと理解できるようになりました。それからは、家でも余裕のある時には、子どもを待てるようになったのです。

「森のようちえん」の取り組みは、子どもの成長はもちろん、父母の成長にもつながることを知りました。自然のなかで五感をフルに活用し、生き生きと遊ぶ子どもを見ると、親も徐々におおらかになっていくようです。今では、むしろ親の成長と解放が一番の魅力だとすら思っています。

しかも、少子高齢化が進む過疎の町では、子どもの声が森の中から聞こえるのが嬉しいと、地域の方も喜んでくれます。まさに「森のようちえん」は、関わる人たちが三方良しの、最高の取組だったのです。

■智頭町で見つけた「田舎で同居」という新しい暮らし方

森のようちえんを始めたことで、もうひとつ大きく変わったことがありました。それは、私自身の暮らし方です。

「森のようちえん　まるたんぼう」に続き、2園目の「空のしたひろば　すぎぼっくり」をオープンし、さらに卒園後に通う理想の学校である、アメリカ発祥の「サドベリースクール」の企画をしていた頃。鳥取県庁に勤めていた夫が急遽東京に単身赴任することになってしまいました。しかも、期間は3年間。はじめは動揺しましたが、数日経つと「まぁ、辞令だし仕方がないか」と割り切れるようになりました。もともとさっぱりした性格なのです。

でも、ちょうどその時期は仕事が軌道に乗り、毎日の業務にあたふたしており、また第三子もまだ小さかったので、自分自身の子育てさえままならない状況でした。その上、炊事洗濯、掃除までなんて、とてもじゃないけれど一人では手が回りません。夫がどれだけ私のことを支えていてくれたか、身にしみました。実際問題、どうやってこの危機を乗り越えるのか、考えなければなりませんでした。

そこで考えついたのが、自宅に住み込みで働いてくれる研修生を募集すること。スペースも有効活用できるし、何より仕事を手伝ってもらえる。当時、森のようちえんの認知度が上がっていたこともあり、立ち上げのために一時「まるたんぼう」で勉強したいと言ってくださる、ありがたい問い合わせも増えていたのです。

ただ、蓋を開けてみるとびっくり。応募してきてくれたのは沖縄県在住の男性で、しかも既婚者。妻に加え、子どもが2人もいると聞いて、「それは……お互いに難しいのでは？」と思いました。でも、せっかく応募してきてくれたし、いつか森のようちえんを地元で開きたいという明確なビジョンと熱意もある。「住み込みは、私の自宅になりますが、大丈夫でしょうか？」と聞くと、返事はまさかの「問題ありません！」。であれば、断る理由はないと、見知らぬ家族との同居生活が始まりました。

私と、長女、長男と次女。新しく引っ越してきた、新しい4人の家族。合計8人暮らしです。これがまた、想像以上ににぎやかで楽しい毎日でした。私も彼らも、オープンな性格。同居自体に苦労はまったくなく、その上、相手の子どもにアレルギーがあるということで、奥さんが1日3食の料理の準備を買って出てくれました。食べるのは大好きでしたが、いまいち料理に熱意が持てない私は手放しで大喜び、好意に甘えることに。

しかも子どもたちは割と年齢が近く、すぐに打ち解けて仲良くなってくれました。いつも4人で遊ぶため、あまり私たち親に「遊んで」と言わなくなりました。家事は分担できるし、仕事の時間は増える。子どもたちも楽しそうだし、親も子育ての悩みを言い合えたり、時には一緒にお酒を呑んだりできる仲間にもなれて、一石二鳥どころか三鳥、四鳥。

この経験から、子育て世代の同居は、相性さえよければメリットしかないと考えるようになりました。

その後、智頭町に移住したいというご家族からの相談が増えたこともあり、森のようちえんに入園する人が一時的に滞在できるような、ルームシェア事業を真剣に検討し始めました。そして実際に、2016年9月からは、「はじまりの家」というルームシェア事業を始めています。

今は2園の「森のようちえん」のほか、「新田サドベリースクール」「はじまりの家」のオーナー業が私の仕事です。もうすぐ夫の単身赴任が終わる予定なので、彼が帰ってきてくれたらまた新しいことに挑戦したいなと企み中。親のサポートにもっと注力したいので、保護者と一緒にスモールビジネスを立ち上げるような「保育料相殺制度」や助産院の開設もいいなと妄想しています。

■田舎だからこそできる生き方と子育てを、智頭町で

智頭町に移住して、本当に人生のすべてが良い方向に変わりました。小さい頃から思い描いてきた田舎暮らしはやっぱり最高に楽しいですし、子育ても順調です。仕事の縁でたくさんの友人もできました。

全国的にも「森のようちえん」の人気は年々高まっており、「まるたんぼう」などのように毎日開園でなく、週末だけなどの期間限定で開催するスタイルの園も増えています。「森のようちえん」は、自然が豊かな場所でしかできません。森や川があり、子どもたちが集団になって騒いでも人様の迷惑にならない環境があるからこそ、実現できる教育です。都会での子育てもいいけれど、私のようにもっと自然に近い場所で子育てがしたいと思う人は多いはずです。智頭町がその受け皿になったらいいなと思っています。

智頭町は森に囲まれた美しい宿場町で、お試し住宅制度も整った良い町です。もともと新しいことを受け入れる気風がある土地なので、地域の方も、行政もとてもオープンで暮らしやすいと思います。他県で人気のパン屋やクリエイターが移転・移住するなど、個性豊かな人も集まりつつある、楽しい場所。新しく挑戦する人への理解が深いので、私も森のようちえん開設にあたり、随分助けてもらいました。

もし、子育てに迷っている人がいたら、ぜひ一度、新鮮な空気を吸いにくるだけでもいい

から、遊びに来てみてほしいです。肌感覚ですが、子育ての悩みにはマイナスイオンたっぷりの森林セラピーが効きますよ。広い敷地で子どもを自由に遊ばせて、森の音や花、緑、川、丸太に囲まれると、肩の力が抜けていきます。

子どもの笑顔と、親の笑顔が生まれる町へ。後悔は、させません。だって、私自身がこんなに幸せになれたのですから。

私が大切にする「ぽっちり」な暮らし

高知県土佐郡土佐町（嶺北地域）ヒビノケイコさん

「自分にとってのちょうどいい」を知り、人生の段階に合わせて暮らしを変化させていくヒビノさん。彼女の姿勢は、移住という枠組みを超えて、多くの人にたくさんのことを教えてくれる。もちろん私にも。

ヒビノケイコ　Hibino Keiko
移住歴―10年
出身地―大阪府岸和田市
年　齢―34歳
職　業―講師、エッセイスト、自然派菓子工房「ぽっちり堂」オーナー
家族構成―夫、10歳の子どもの3人家族

■「とくべつなふつう」のある暮らし

私は大阪の岸和田という街で生まれ育ちました。今でも地元は大好きです。両親も、親戚もみんなそこにいます。でも不思議と小さい頃から、岸和田でずっとこのまま生きていくんだという意識がありませんでした。大学から6年間を過ごした京都にも、愛着を持っています。ただ毎年のように引っ越しをしていました。私は同じ場所に数年いると、新しい景色が見たくなってしまって、何かしら環境を変えたくなる性格みたいです。

そんな私が、結婚・出産を機に、これからの人生を家族とどう過ごしていこうかと考えて、全国を巡ってたどり着いたのが、夫の出身地である高知県嶺北地域の土佐町です。

ここには、毎日触れるものやことばの質が高いという「とくべつなふつう」があるなと思います。私が活動の軸に掲げている「ぽっちり」とは、土佐弁で「ちょうどいい」を意味することば。自分にとっての「ぽっちり」を知り、自分も周りも豊かにするような幸せの波紋を広げる生き方がしたいと思って、土佐町を拠点にいろいろなことに挑戦しています。

土佐町は、高知駅から車で1時間ほど、最寄りの高速インターチェンジから20分くらいの距離にある人口約4000人の町です。市街中心部から少し山の小道に入った、町を見下ろすような形で建っている築100年超の古民家が私の住居。家のすぐそばには川が流れていて、裏山があって、近所には義父母や親戚が住んでいます。

古民家の母屋の隣に増築した家があり、そこが２０１４年まで営業していた山のカフェ「ぽっちり堂」の場所。現在はオンラインショップのみの運営に変更したため、１階をオンラインショップの工房として、２階はお客様がきたときの応接室代わり兼私の創作アトリエとして使っています。

天気がいい日は地元の食材を使ってごはんを作り、ぽかぽか陽が当たるテラスでゆっくりと食べます。春は素朴な山桜や藤の花、夏は足の指が透けて見える透明な川の水を、秋は裏山で拾う栗や近所のおじさんたちに頂く旬のキノコを、冬は散歩しながらおやつに赤い冬イチゴを楽しみます。季節の変化を楽しむように、料理や身の回りのものを手作りする手間と時間がかけられること、日々の暮らしをていねいに営む余裕があることが、「とくべつなふつう」だと思うんです。

我が家は友人や仕事関係者など、訪れる人も多いので、彼らが遊びにきたときは、テラスや庭で、星を見ながらバーベキューをすることもよくあります。最寄りの家とは50メートル以上離れており、家の裏は山になっているので、たとえ子どもたちが多少騒いでも問題ありません。

そんな田舎での日々が、私の創作活動の拠点です。

■移住が最適解ではない

私の現在の仕事は、日本全国で開催している講座「ぽっちり舎」の講師がメイン。その他に、執筆や自然派菓子工房「ぽっちり堂」のオンラインショップの運営などもしています。講座は、受講者が自分にフィットする「ぽっちりライフ」を作るための土台作りの場。年間を通した月1回の少人数制ゼミを、全国各地で行っています。

4コマ漫画とエッセイは、ブログ「ヒビノケイコの日々」で発信。講座についてはもちろん、田舎暮らし、移住、子育て、あとは私の興味関心が向いているアートや仏教、日常の暮らしについてなどを綴っています。こちらは『山カフェ日記～30代、移住8年。人生は自分でデザインする～』として2014年に書籍を刊行しました。

講座参加者や読者の層はさまざまですが、私が移住者であることと、夫がNPO法人「れいほく田舎暮らしネットワーク」の事務局長として移住支援を生業にしているということもあり、「移住」「田舎暮らし」というキーワードで検索してブログにたどり着いてくださる方も多いです。たとえば「『カフェ経営はゆるふわじゃない』なぜ田舎にはうどん&コーヒーの店が多いのか？　田舎で起業『個人でカフェをするポイント6』」という記事は、日本全国の田舎でカフェを起業した方や、これからカフェを立ち上げたいという気持ちを持っている方を中心に読んでいただきました。

でも、私は「移住や田舎暮らしが素晴らしい」ということだけを伝えたいと思っているわけではないんです。もちろん、田舎暮らしは素晴らしいし、私は好きでこの暮らしを選んでいるので幸せなのですが、誰にとっても移住が最適解なわけではないし、私の生業の作り方が正解になるわけでもありません。

講座やブログを通して出会った人々が、自分にとっての「ぽっちり」を見つけて、もっと幸せに生きるきっかけを見つけてくれたらいい。そんな人々に寄り添いながら、私も人生のステージに合わせて、より自分にフィットする生き方に変えていきたいと思っています。

■大好きで完璧な街、京都

講師業も執筆業も、移住後に自分で作った仕事です。もともとは、学生時代から創作活動をしていました。

京都精華大学芸術学部造形学科陶芸専攻に進み、陶芸やアート、染色した服など様々なもの作りをしながら過ごした学生時代。在学中に徐々に私の作品を気に入って買ってくださる方が出てきたのです。ありがたいことに作ったら売れるというサイクルが確立しつつあったので、卒業後もそのままアート作家活動を続けられることに。

その間、暮らしと創作の拠点はずっと京都に置いていました。最初は大学に近い左京区のマンションからはじまり、アパート、シェアハウスで暮らしました。その後、自給自足の生活をしながら創作活動に集中する環境がほしいと感じるようになったので、現在の夫にあたる川村幸司と、2人で京都郊外のお寺に住みました。京都では実はそんなに珍しいことではありません。空き神社や空き寺というのが稀にあって、問い合わせをして問題なければ、一角を借りて住むことができます。卒業後に結婚し、そのままそのお寺に住み続けました。

でも、創作活動を続けるうち、毎日の暮らしと創作が遠いことに違和感を持ち始めるようになりました。京都の古い長屋を使って営まれているお豆腐屋さんが大好きで、よくそこに通ってはお豆腐を買っていた私。枝豆の季節になったら枝豆豆腐が、柚子の季節になったら柚子豆腐が並び、カウンターの向こうでは背筋がぴんと伸びたおばあちゃんが、毎日変わらない作業をしています。私にとってはアートもお豆腐も同じ「表現物」というカテゴリーに見えて、私もいつかそんな風にものを作りたいなぁと思っていました。その時、ちょうど妊娠が発覚したのです。

子どもと一緒に自分たちで暮らしを作っていくとしたら、どこが良いかなぁ？　どこかに心地良いと思って暮らせる場所はない？　そう考えたことが、東北、北信越、四国、九州など日本全国の移住先を探す旅を始めるきっかけでした。

もちろん、そのまま京都で暮らし続けていく選択肢もありました。でも、京都で受けた恩や学んだことを、いつかどこか違う土地で活かしてみたいという気持ちがあったのです。

■感性に合う土地

高知県嶺北地域の土佐町は、夫の出身地でした。結婚前から夏休みなどを利用しては訪れていた土佐町。山間に集落を作ったような町の感じや、風が通り抜ける縁側で過ごす気持ちの良い夏の午後、彼の両親が手掛ける青々とした畑や田んぼを手伝っては、どこかいつも体が浄化されて、元気になるような気がしていました。なぜ土佐町だったのかと聞かれると、感覚、としか言いようがありません。太陽の明るさや、透明な水、人のオープンさ、そこに根付く文化が、私たちの感性に合っていたのだと思います。

よく「どうやって自分にぴったりの土地を選べばよいのでしょう」と質問をいただくことがありますが、私はそもそも最初から自分にぴったりの最高の土地なんて、ないんじゃないかと思っています。移住仲間や、移住サポートを通じて知り合った方々も、最初は若干の違和感もありながら移住されている方が多い印象です。暮らしや土地は、自分で創りあげ、長い時間をかけてフィットさせていくもの。要は、その覚悟や希望が持てる土地かどうか。そして土佐町は、私たちにとってその覚悟を一番持たせてくれる土地だったのです。

ここだ！と思い移住して、息子を出産し、私たちの土佐町での日々が始まりました。

■「ぽっちり堂」オープン！

移住した今、土佐町で私にできることはなんだろう？　地域の素材と、ここで暮らしていることを活かして、田舎暮らしならではの、私にしかできない表現の形を目指したい。やれること、やれないこと、必要とされていること、理想と現実、これからの未来、いつか地域に雇用を生む可能性があるもの。様々なことを考慮して、私は起業し、地元の素材をふんだんに使った自然派菓子工房「ぽっちり堂」のオンラインショップを夫婦でオープン。

当初はオンラインのみの運営でしたが、軌道に乗った2010年のタイミングで実店舗も自宅の隣にオープンしました。最初の数年はめまぐるしく、必死の日々が続きましたが、やがて地域の方、そして遠方から訪れてくださる方が増えました。「わざわざ訪れたいカフェ」としてテレビや雑誌に取り上げられるようになった頃には、安定して経営できるように。それと同時期に、ブログも始め、田舎暮らしやカフェのことを雑誌等に寄稿する仕事も増えていきました。

オンラインショップを始めた当初は「川村さんのところの嫁さんは、毎日家にいて引きこもりか」なんて噂がたったことも。インターネットを活用した仕事は地域の方に理解されにくく、実態が見えにくかったのだと思います。そんなときに声をかけていただいて、地元でスピーチをする機会がありました。そこで事業の現状や展望を含めた自己紹介をしたことで、周りの人に応援してもらえるようになったのです。

移住して、すぐに結果を出したいとはやる気持ちがなかったわけではありません。3年目くらいは引っ越し好きの血が騒ぎ、その気持ちを抑えるのが難しかった時期もあります。でも、ここで踏ん張ったら、もう少し違う未来が見えそうだという予感もありました。

今でこそ土佐町は年間の移住者が100名を超える人気移住先地域になりましたが、私たちが移住を決めた10年前は人の出入りもそんなに多くなく、良い意味でも悪い意味でも移住者が目立つ時期。でも、地域の人に顔を覚えてもらって、時間をかけて自分の人となりや、仕事を理解してもらったら、みんな「あぁ、彼らはここに根ざして暮らしていきたいんだな」と思ってくれます。そして応援も得られるようになりました。

移住は、まずは諦めずに住み続けて、長い目で物事を捉えることが大切なんだなと実感した数年でした。

■さよなら、山カフェ

カフェの経営は順調だったのですが、それゆえに忙しすぎて、今度は自分が何を大切に生きていきたいのか、見失いそうになっていました。

もう少し子どもとの時間と、書き仕事をする時間を大事にしたい。そんな風に思いはじめた頃、ちょうど夫も移住してからずっと手がけてきた移住サポートのボランティア活動が軌道に乗り、メインの仕事に据えたいと考える時期を迎えていました。そこで夫婦でよく話し合い、実店舗「ぽっちり堂」は休業し、オンラインショップのみを残すという、息子との暮らしと夫婦に無理のない形で運営を続けることに。

「週末にぽっちり堂に行くのが楽しみだったのに」。そんな声をいただいたりもしましたが、体はひとつ。自分にとっても大きな決断でしたが、より自分たちらしく「ぽっちり」と生きながら、地域や全国の方々に役立つような場を作るために決めました。数ヶ月の活動休止期間を経て、夫はNPO法人「れいほく田舎暮らしネットワーク」の事務局長に、私はブログ「ヒビノケイコの日々。」をリニューアルし、本格的に執筆活動に入っていきました。

アート作家から、オンラインショップ起業、実店舗経営、そして4コマ漫画エッセイスト、そして現在では自主開催講座「ぽっちり舎」スクール講師。

どれも一見関連のない仕事に思えるかもしれませんが、私の中ではすべてひとつながり。暮らしとアートと経済をつなげて、より自分にとっての、そして周りの人にとっての「ぽっちり」を探していく作業の途中です。

■「ぽっちり」な生き方を探していこう

移住というと、農業や漁業、林業などの一次産業に必ず関わらなければいけないような気がしますが、それは人それぞれで良いと思います。私の場合は、家族や地域の方とのコミュニケーション手段として、仕事の合間の息抜きのように土いじりをしています。自然と触れ合うことが大好きなのですが、そもそも体力があまりないので、農業をがっつりとメインでやるのが、正直に言うと難しいんですよね。

本拠地を持たずに、リュックやスーツケースだけ持って、土地を転々としながら創作活動を続ける、という人ももちろんいます。それはそれで私は素晴らしいな、と思うのですが、私は土佐町という土地に根を張って生きることができて、とてもよかったなと思いながら暮らしています。

四季の移り変わりや、友人との何気ない会話、地味だけど体に染み渡るような毎日の食事、川の流れる音や、葉っぱが落ちる気配にやっぱり落ち着くのです。田舎には刺激がなくてとても私には暮らせない、という声も聞きますが、私にとっては自然の移り変わりや人とのふれあいなど、刺激に溢れる場所なんです。

息子は私たち両親の背中を見て、「こどもマルシェ」という地域のお祭りで自分の店を出店し、ものの売り買いを通して商売の大変さを自ら学ぶなど、やりたいことを自らやるような積極性を身につけてくれています。私は大阪弁のままなのに、息子は夫を上回る土佐弁を話すことにも、彼がここに根付いてくれているようで、幸せを感じます。

子育ての不安なども、今は特に持っていません。移住したばかりの頃、夫に現金収入が少なくて不安だと相談したことがありました。彼は少し考えて、「そうか、ケイコちゃんはそう思うんだね。でも僕はこれからは、現金収入と同じように、人とのつながり、地域のコミュニティが財産になる暮らしが未来を支えてくれる時代がくると思っているから、もっと頑張って嶺北地域に移住者を増やして、ケイコちゃんが不安にならないような暮らしを確立するよ！」と笑っていました。この話は「じゃあ現金は自分で稼ぐしかない……！」と改めて考えるきっかけになったのですが、彼のそうした柔軟な価値観に、なるほどとも思いました。

今では本当に、もし天災があっても、現金がなくても、私たちは生きていけると思うほどに食料も、水も、人間関係も育ってきています。特に最近は、教育関係の人材が多く集まる傾向にあり、海外から移住される方も増えてきました。

これまでずっと、暮らしも仕事も人間関係も、「ないなら作ろう」という姿勢でやってきました。「ない」と嘆いても状況は変わりませんし、最初からすべては手に入らない。私も最初から何か特別なものを持っていたわけではありません。仕事や暮らしを作り、ひとつずつ段階を踏み、次のステージにどんどん移っていっただけ。

長い目で見て、何がしたいのか。出来るのか。そして、自分に必要なものは何か。夢のままにせず、現実の中で描いていくにはどうすればいいか。それらを考え、ひとつひとつ実践していくのが、生きていく上で大切なことだと私は思います。

どこで暮らしたとしても、想定外の出来事は起こります。どう活かし、チャンスに変えるか。それを考えるのが、人生のおいしい調理法ではないでしょうか。

生きる力をもっと上げたい！

福岡県糸島市
畠山千春さん

棚田があり、星が見え、海がある……。そんな理想の地域に暮らし、シェアハウスを運営しながら農業や狩猟で食料を自給する日々。そうした「生み出す暮らし」を選んだ理由の根底には、変わりゆく世界に対する危機感があったという。

畠山千春　Hatakeyama Chiharu
移住歴―4年（千葉県、福岡県内へのプレ移住時代から含めると6年）
出身地―埼玉県入間市
年　齢―30歳
職　業―新米猟師、ライター、講師など
家族構成―夫と6名のシェアメイトとのシェアハウス暮らし

■探し続けた理想の土地

私が住む福岡県糸島市の佐波《さなみ》地区は、全部で18世帯しかない小さな集落です。恋人だった現在の夫と移住してきたのが4年前。今は2人でオープンした「いとしまシェアハウス」で管理人をしながら、自給自足の「生み出す暮らし」を目指して夫婦ほかシェアメイトと共に暮らしています。

糸島は、私たちにとって、本当に理想を絵に描いたような土地です。

シェアハウスの周囲には棚田や畑、川があり、車で5分も行けば海も見え、JR筑肥線の大入《だいにゅう》駅にも出られます。電車に乗ったら、1時間かからずに福岡市の中心・博多駅や天神駅に着くうえに、福岡空港も近いので、飛行機も便利。美しい自然の中での手作りの暮らしを送りつつ、時間的にも精神的にも東京を近くに感じることができます。

地元を離れるとき、移住先の希望条件リストの一番上に来ていたのは、自給自足の生活ができるかどうか。それに加えて、棚田があって星が見える場所がいい！ということでした。

一方、一緒に移住しようと話を進めていた彼は海沿いがいいと言っていました。海の近くで、棚田があって星が見え、畑や狩猟のできる豊かな山があり、そして手頃な貸家がある土地——そんな夢みたいな場所が果たして日本にあるのだろうかと思いましたが、探し続けた結果、この糸島に見つけることができました。

シェアハウスは小高い丘の、棚田に囲まれた山の中腹に位置しています。海を背にしてゆるやかな坂を登っていくと、次第に道が細くなり、林が増え、豊かな森が現れます。遠くに見えるのは、透き通る海と砂浜。季節によってシェアハウスの周囲がカラフルに変わるのが特にお気に入りで、小さな黄色い花を咲かせるハハコグサが咲いたら春の合図です。アジサイやヒマワリ、コスモスなどさまざまな花が入れ替わりに咲き乱れ、秋は田んぼが色づき、冬にはみかんが実ります。

この最高のロケーションで、自分の暮らしに必要なものはできる限り自分たちで賄う。そんな暮らしが実現できた最大のポイントは、「一人じゃない」からでした。

■「一人一芸」のシェアハウス生活

一人でできないことも、同じ思いを持つ人が何人か集まれば、絶対にできる！　いとしまシェアハウスは、そんな思いで運営しています。

うちのシェアハウスのコンセプトは一人一芸。職種はバラバラですが、「消費する暮らし」ではなく「生み出す暮らし」がしたいという思いは皆同じ。それぞれ別の能力を持った人たちが集うことで、より自給自足の度合いを高め、助け合って暮らしています。シェアハウスの開放イベントなどもよく行っていて、一般の人に遊びに来てもらうこともしています。

歴代のシェアメイトは料理人、農家、着物の着付け師、写真家、音楽家、酒屋の蔵人、整体師など様々です。料理や音楽は一芸として想像がつくかもしれませんが、たとえば着付け師ならシェアハウス内で着付け教室をしたり、写真家の子がシェアハウスをスタジオ代わりに撮影したりと、シェアハウスの運営もふまえて一芸として成り立てば何でもＯＫ。

私の肩書きはいくつかあって、人前で話すときによく使うのが「新米猟師」。「暮らし方冒険家」や「ライター」と名乗ることもあります。肩書きは何でもいいんです。

現在は「自分で食べる分のお肉は自分でさばこう」という気持ちから、自分一人ではさばききれない動物を食べるのを控えています。そのため、私は牛肉や豚肉はあまり食べない〝ゆるいベジタリアン〟。シェアメイトもそれに賛同してくれているので、うちのシェアハウスで食べるお肉は、ほぼ１００％自分たちがさばいたもの。来客の際に魚を買うことはありますが、ふだんは山に入ってアナグマやイノシシを捕まえてさばき、みんなで一緒に料理します。肉を食べた後は、イノシシの皮をなめして、女性用のショルダーバッグを作ったりもします。

お米ももちろん自作です。最初はなかなかうまくいきませんでしたが、周囲の人々に助けられながら、だいぶ安定して自給できるようになってきました。

シェアハウス近くの約４反の土地を借りて畑を耕し、各々が自分の食べたいものを好きな季節に育てます。糸島は気候が非常によく、たけのこやつくし、山菜など、自生する食材もたくさんあります。旬の食べ物はその時期にたっぷりといただき、地域の方に教えてもらったレシピで保存食を作ったり、遊びに訪れる方におすそ分けしたりします。養蜂をしてはちみつを採ったり、パンを食べるために小麦を作ったり、木の実をとってジャムにしたり。「田舎×シェアハウス」の相性がいいなと思うのは、自給自足のベースとなる畑や田んぼでの作業をやりやすいということ。農作業は人手が必要なので、マンパワーはあればあるほどいいのです。それから、メンバーが総勢8名もいると集落の行事ごとに誰かしらが参加することができるので、集落の人にも喜んでもらえます。

また、太陽光パネルを自作して、エネルギーの自給にも取り組んでいます。2015年からは冬の寒さ対策として、煙で家を暖めるエコな韓国式床暖房「オンドル」を手作りし、暖を取る試みを始めました。

できるだけ多くのものを自給自足したいと思って、日々過ごしています。月に一度は私たちの暮らしを体験してもらうワークショップを実施しています。ささやかではありますが、シェアハウスの収入源のひとつになっています。暮らし自体を仕事にする、という試みです。

月々の食費は一人平均3000〜4000円程度。水は湧き水を利用しているので、家賃や光熱費、通信費などを含めても月々の固定費は、一人3万円あれば十分。周囲にはよくその安さに驚かれます。

■地域の人への恩返し――移住先での結婚式

先日、私は、いとしまシェアハウス近くの海岸線沿いで、手作りの結婚式を行いました。コンセプトは「サステナブル（持続可能）なアウトドアウェディング」。相手は一緒にシェアハウスをオープンさせた料理人の彼です。

披露宴の衣装は、福岡の伝統的織物「絣」を使用。靴は新郎新婦の獲ったイノシシの革で作りました。ゴミを減らすため、参列者にはマイ箸、マイ食器、マイコップの持参を依頼。エネルギーは糸島の太陽光発電１００％。料理は顔が見える人からの食材を基本に……などなど、私たちがこれまで得てきた「生み出す暮らし」のノウハウ満載で開催しました。

それとは別に、自宅に神主さんをお呼びして昔ながらの結婚式も行いました。式を決めた理由は、私たち夫婦の移住をやさしく受け入れてくださった地域の方に、恩返しがしたいと思ったから。移住して4年が経ち、私たちにできる恩返しって一体何だろうと考えたとき、家庭を持ち、この土地に根を下ろす覚悟を持つことなのかもしれないな、と思うようになったのです。

少し前にシェアメイト同士が結婚して子どもが産まれ、「いつか私たちも」と思っていたのですが、「地域のおばあちゃん、おじいちゃんに私の晴れ姿を見てほしい」という気持ちがありました。

結婚時期はいつでもよかったのですが、実家の母、父と同じように、地域のみんなにも元気なうちに、花嫁姿を見せて、「これからもここで生きていきますよ」っていう感謝の気持ちを伝えたかった。

4年の間に、いつのまにか、それくらい地域の方々が大好きになっていたんです。

■何が起きても生きていける力を

生まれは埼玉県入間市。中学、高校と地元で過ごし、卒業後は実家から東京都内の大学へと通っていました。当時は、父母と兄、弟の5人暮らしでした。

もともと今で言うソーシャル、エコ、シェアリングといった分野に興味があったのですが、私が学生をしていた2005年前後は、まだ社会の中でメジャーな分野ではなく、なかなか実践の場は見つけられませんでした。

大学在学中も、海外に留学して持続可能な社会・まちづくりを実践している現場を見てみたいという気持ちは持っていましたが、ずるずると大学4年生になってようやく「やっぱり留学したい！」と一念発起。カナダ・トロントへ1年間、留学しました。そこで様々な国籍や背景を持つ人とシェアハウス暮らしをし、持続可能なまちづくりや、自給自足の暮らしをしている方々の活動を見て、多様な価値観に触れました。共同生活を送ることで、互いの能力を共有し合い、助けあって暮らすことができると実感したのもこの時です。

帰国後、就職活動をして、内定をいくつかいただきましたが、友人の紹介で「greenz.jp」というウェブメディアに出会います。

そこにはまさに留学中に触れてきたような、ソーシャル・エコロジー分野を中心とした記事が多く載っていました。紹介されているのは、これからの新しい生き方を求めて活動している人たち。これこそ自分が探していたものだ、何かしらの形で関わりたい！と思い、募集も何もしていなかった「greenz.jp」に直接連絡。カナダでの留学経験や、これからやってみたいことなどを話し、インターンのライターとして書かせてもらえることになりました。

「人と人をつないで世界の課題解決をする」をミッションに、映画買い付け・配給・宣伝事業を行う「ユナイテッドピープル」というユニークな映画配給会社と出会ったのも、「greenz.jp」がきっかけです。社長の人柄とビジョンに感銘を受けた私は、これまた直談判の形で、まずはインターンとして働かせてもらうことになりました。

そこでは、「幸せの経済学」や「第4の革命」といった社会的テーマを扱う映画を配給しながら、自主上映会を各地で行うなど、刺激的な毎日でした。

当時は神奈川県内で友人とシェアハウス暮らしをしていたのですが、会社の本社が千葉県いすみ市に移転することになり、私も引っ越しを決意。いすみ市は、都内から電車で2時間半くらいのところにある、自給自足をして暮らす人が集まっているエリアでした。私も、ほかの社員と同じように、すべて荷物をまとめました。

あとは引っ越すだけ、というときに、東日本大震災が起きたのです。当日は同僚と一緒に、横浜の本社にいました。「今回は運良く生き延びることができたけれど、次は死ぬかもしれない」と感じ、心底恐ろしかった。

何が起きても生きていける力を身につけなければと強く感じました。仕事を通じて、オーストラリアやインドで共同生活を営むエコビレッジを巡っていた私は、現代社会の枠組みに依存し過ぎない人々、世界中で自給自足の生活をしている人々に会ってきていました。いつか、私もそんな暮らしを実現したいと漠然と思っていたんです。

でも、あの震災を体験して、それは、いつか、じゃなくて「今」なのかもしれないと思い始めました。震災後に初めて埼玉県の実家に家族全員で集まったときに、父が家族に向かって言った「家族を守りたいなら、まず自分自身が絶対に生き抜くこと」という言葉も、背中を押してくれました。今考えれば、危機感に近い感情だったかもしれません。

「自分の力で、強く生きてやる」という思いが湧きあがり、「消費する生き方」から、自分で暮らしにまつわる諸々を「生み出していく生き方」へ人生の舵を大きく切りました。

力強く一歩を踏み出すために、まずはいすみ市への引っ越しを決行し、多くの先輩方の背中を見ながら、自給自足の暮らしを始めるための修業を始めることにしたのです。

■肉はどこからやってくる？

東日本大震災時の、福島第一原子力発電所の事故やその後の計画停電。それにより、今まで考えたことのなかった、電気が届くまでのプロセスを考えるようになりました。また、自分ごととして捉えていなかった私自身にも憤りを感じました。同じようにものが届くまでのプロセスについて考えたとき、野菜を作り、魚を釣り、電気を作り、と、自給自足のモデルケースを作ろうという動きが活発になっていたいすみ市の暮らしの中で、ひとつ分からないことがありました。それは「肉になるまえの動物たち」はどこで、何を食べ、どうやって育てられて、どのようにさばかれて私たちの生活に届いていたんだろう？という詳細です。まずは、スーパーで目にするパック入りの肉が、生き物からどうやってその形まで行き着くのかを知りたいと考えるようになりました。

現代の暮らしは、分業化が進んでいます。それは効率的で、決して悪いことではありません。ただ、様々なことが自分たちの手から離れてしまったことで、目の前の食材がどこからやってきたのかについて、思いを巡らせることもなくなりました。私は、過程が見えないシステムの脆さが、危険だと感じました。「何が起きても生きていける力」を身につけるには、できるかぎり自給自足をしたいし、肉についても例外ではないと考えました。お肉、大好きでしたし。

YouTubeやブログなど、情報発信をしている人の手引きを参考に、自分の手で生きている鶏を絞め、さばき、調理をして食べるという一連の行為を、実践してみることにしました。

鶏は、いすみ市周辺の養鶏所の方から一羽いただきました。逆さに吊るし、頭に血を上らせると大人しくなります。自分でやろうと決めたことなのに、いざ頸動脈を切るときは、「ごめんなさい」という気持ちでいっぱいになりました。不安に手が震え、命をいただくということは本来こういった緊張感のある行為なのだと知りました。

「肉を食べるという行為は、動物の生命の犠牲の上に成り立っている」。頭では理解していたことも、体験するとなるとまったく別のことに感じられました。このときから、私は「生命を食べることは、その生命と同化すること」だと考え、より感謝して食べるようになりました。体力も精神力も使った最初の解体体験でしたが、食肉についての理解を深めるために、もう少しこの作業を続けようと決めました。

その後、知り合いを通じて猟師からイノシシや鹿などを譲ってもらい、鶏よりも大きい四足歩行動物の解体を実践。でも、自分の体ほどもある動物を解体するのは、鶏とは比較にならないほどの体力と精神力が必要でした。また、解体はいつも仲間と一緒に行っていたので、一人ではなかったのですが、時間もかかりました。最初にイノシシを解体したときは、最後に片付けを終えるまで、5時間はかかったと思います。その晩は、すべてが空っぽになってしまったような感覚になり、疲れているはずなのに、なかなか眠れませんでした。

それまで、特に意識せずに「おいしい、おいしい」と食べていた動物の肉。解体を始めるようになり、肉を食べる量と自分の労働量を等価交換的に考えるようになりました。結果、身の丈に合った分だけ食べようと、自分一人では解体しきれない四足歩行の動物は、食べるのを控えることに。解体のエネルギーを使っていないのに、肉ばかり食べるのは自分にとってバランスが悪いように思えたからです。

また、普段なかなか体験できない解体の様子を伝えることで、見えなくなっている食の過程を感じてもらえたら……と思い、ブログやSNSで発信したのです。すると、思った以上に共感を得ることができました。この活動を通じて出会った方々は、老若男女、数えきれません。現在シェアハウスで一緒に暮らしているメンバーにも、ネットを通じて私の存在を知ってくれた人もいます。

ただ、とてもデリケートな問題でもあり、「動物の命を軽んじている」とブログが炎上したこともありました。

けれど、私がこの道を進むことができたのは、私より前に自分たちの経験をインターネットで発信してくれた先輩たちがいたからこそ。生み出す暮らしに興味を持った人の小さな助けとなり、先人たちへの恩返しにもつながったらいいなという思いで発信し続けています。

■福岡市内から糸島へ、そして猟師に

移住するにあたって、土地を選ぶことは最重要項目だと思います。私はたまたま会社のオ

フィスが千葉県いすみ市から、福岡県福岡市内へ移転することになったため、地方都市の福岡市を拠点にさらに田舎の土地を探せました。この二段階移住が、とても良かったなと思っています。

移住は、いすみ市時代からお付き合いしていた彼も一緒でした。地方暮らしにおいて、パートナー選びは土地選びと同じくらい、重要項目だと思っています。彼の仕事は料理人。場所を問わずに働ける職業ですから、福岡に誘ってみたら「じゃあ行こうかな」と。社交性もある人だったので、地方暮らしでのコミュニケーションに関しても不安はありませんでした。それからは、彼と2人で週末に今後の生きる場所を探していくことに。

移住の準備と並行して、狩猟免許を取得することにしました。野生動物を山で捕獲するには、免許が必要なのです。私は、解体の経験を重ねるうち、解体だけではなくて、食肉を得る最初から最後までを実践できる人間になりたいと思うようになりました。猟ができれば自分たちの田畑を守りながら美味しいお肉が自給できます。猟が可能な期間とエリアであれば、どこでだってタンパク源を調達できるようになるのです。

それまでに学んだ田んぼや畑での農作業、太陽光パネルなどでのエネルギー生産などのノウハウに加え、猟ができるようになれば、生きる力がもっと上がるのではないかと考えました。

そうして免許を取得したのが２０１３年1月。私の専門は罠猟。罠猟の猟師は、森の中に入って動物たちの生息範囲を調べ、足跡や食べ残しの跡を追いながら、勘と経験で罠を仕掛けます。師匠に教わりながらの初めての罠設置は、緊張そのもの。仕掛けても何の反応もない日が続きましたが、ある日罠の場所に行ってみると、野生のイノシシがかかっていました。こちらに気が付き、私と目が合った瞬間のしんと静まり返った山の様子は、今でも忘れられません。それは、まさに命と命のぶつかり合いでした。

一瞬でも気を抜けば、今度はこちらが襲われる危険性があるため、最後まで油断できません。作業をすべて終える頃には疲れ切っていました。こうして試行錯誤しながら暮らしの中で生きる力を身につけていきました。

糸島に空き家を見つけ、彼とシェアハウスをオープンさせたのもこの頃です。築80年ほどの古民家で、改築して新たに部屋を作るなどしましたが、ほとんどがワークショップによるDIYだったため、そこまでお金はかかりませんでした。

このように実験的な暮らしをしていると、思い切りの良い性格のように見られがちですが、自分では昔も今も変わらず慎重派だと思っています。自分で暮らしや仕事を作ろうと決意したのも、その方が変化に強いと考えたからです。

そうは言っても計画なく飛び込むなんて怖くてできない。そんな私が選んだのは、土地の二段階移住だけではなく、働き方や暮らし方も、少しずつ変えていくスライド式移住でした。

移住、独立の転機となったのは、大好きな雑誌「ソトコト」を発行する出版社から本を出版すると決まったこと。シェアハウスの家も見つかり、農作業ができる場所も目処が立ち、暮らしにかかるコストが減らせること。色々タイミングよく揃ったのをきっかけに、フリーランスの道を歩むと決めました。福岡市内滞在中に知り合いも増え、仕事をもらえる道筋が見えたのも、決心できた大きな要素でした。

■どこでも、いつでも、生きていけること

私たちは、特別なことをしているつもりはありません。「持続可能な未来を探るために、いまこんな実験をしているけれど、よかったら一緒に参加しませんか？」というスタンスです。そこに、自ら積極的に参加して、それをきっかけに新しい問題意識を持ち、今までになかった行動をしていく。「いとしまシェアハウス」がそのきっかけになってくれたらいいなと思って、自分の暮らしを確立させながら、この暮らしを広めていくことを考えています。

もちろん移住当初は、糸島の地域に馴染めるか不安もありました。移住する前にご近所さんに毎日挨拶をしにいったり、地域の行事には必ず参加したりと、顔と名前を覚えてもらうために自分からもたくさん動きました。でも、それよりなにより、糸島の地域の方々は本当に温かかった。あちらから私たちの様子を見に来てくださったり、野菜が上手く穫れないときは、そっとコツを教えてくれたり、毎日いろいろな差し入れを持ってきてくれたり。

そんな地域の方々に感謝しながら、自分のできることをやろうと思っています。

たとえば、ここに住み続けて元気な若者の声を聞かせること。あとは、運動会などの地域の行事で、たくさんの種目に参加すること！　これ、結構喜ばれます。移住先で地域への馴染み方に困っている方は積極的に行事に参加することをおすすめします。

結婚もしたことだし、いずれは子どもを産んで、地域の方々に抱いて欲しいですね。シェアハウスが軌道に乗ってきた今、今度は「ムラ作り」がしたいと思っているんです。私たち夫婦だけではなく、糸島に移住してきた若者がカップルになって、家族を作っていく。託児所や保育園の機能も自分たちで賄い、地域の方と寄り添って、ひとつのムラのようにここで暮らしていけたら、すごく楽しいなと思うので、今計画中。

ただ、できる限り自給自足とはいえ、現金は必要です。お金がないことで選択肢が狭まるのは嫌なので、現金収入を得るためにも、シェアハウスの開放の仕方を工夫して、法人向けの合宿を行える事業を運営したり、もう少し大規模なワークショップや講座を開いていく準備をしています。

子育ての不安については、正直まだ分かりません。でも、私たち自身が、資本主義に頼らないで生きていくスキルを身につけて、頼れるコミュニティがあって、それを活かして現金を稼ぐ手立てがあれば、大概のことは解決するんじゃないかと思っています。

私は、移住先を探していた時に、「美しい場所に住みたい」と思っていました。都心に暮らして、週末や休暇に美しい景色を見るために移動するのではなくて、そもそも美しい景色に囲まれながら生きていきたかった。私は、人生の本質は美しいことにあるのではないかと思うんです。糸島には、その美しさがある。

そんな糸島は、佐賀県の玄海原子力発電所から半径30キロ圏内に位置しています。移住先を選ぶ時、その事実は知っていましたが、それでも糸島に住みたいと思いました。いいところばかりの場所はありません。だからこそ、定期的に有事の際を想定した避難訓練をするなど、自分たちなりの安全対策はずっと続けています。

やりたいことはまだまだたくさんあります。でも、全部一人じゃできない。地方暮らしはパートナーや、仲間がいることが大事だなと毎日実感しながら暮らしています。

これからの時代は、変わっていきます。でも、移住のもともとのきっかけが「変化があっても生きていける能力を身につけたい」だったので、そうなれるようこれからも暮らしのスキルを高めていきたいなと思っています。

「地域で生み出す暮らし」を、みなさんの人生の選択肢のひとつに加えていただければ、とてもうれしいです。移住という生き方は、毎日が創造に溢れていて、本当に楽しい。一度、糸島に遊びに来てください。ここは毎日が最高です。

［column］

地域の暮らしを体験できる期間限定の移住チャレンジ!! 「地域おこし協力隊」

「地域おこし協力隊」：２００９年に始まった総務省の取り組み。人口減少や高齢化が激しい「条件不利地域」に地域外の人材を受け入れ、定住・定着を図りながら地域協力活動を共に行う。活動期間は概ね1年以上、3年以下と定められており、任期期間中は年間２００万円程度の報酬を得ながら、地域で暮らし、働くこととなる。実施の可否や募集人数、募集開始期間は各自治体の判断に委ねられており、希望者は自治体ホームページや幅広く募集情報を掲載している移住・交流推進機構（ＪＯＩＮ）のサイト等で募集要項をチェックし、自主的に応募する。

移住先での仕事や家、さらには人間関係までサポートしつつ、1年から3年の期間限定で、「定住前の私」を応援してくれる夢のような制度。それが「地域おこし協力隊」だ。

元・地域おこし協力隊の移住女子で、鳥取県の八頭町に住む渡邉萌生《もえ》さんに詳細を尋ねてみた。

今、私は鳥取県に拠点を置く日本きのこセンターという、きのこの品種改良や様々な実験を行う研究機関でコーディネーターとして働いています。

地域おこし協力隊の任期は２０１２年４月からの３年間。任期終了後、半年間はフリーランスとして働き、２０１５年10月から現在の職に就きました。

出身は東京都調布市。東京農業大学で農業を学び、大学時代は「緑の家」という名のサークルに所属。東京の片田舎に拠点を設け、地主さんに畑を借りて仲間と農薬や化学肥料に頼らずに野菜を育てる方法を模索したりと、農家を志す仲間や、畑が好きな仲間と活動していました。

２０１１年３月に卒業し、地域おこし協力隊の前身である農水省の「田舎で働き隊！」として８月、鳥取県智頭町に赴任しました。大学では海外の農業支援を志して勉強していましたが、東日本大震災で国内事情に目を向けるようになったことがきっかけのひとつです。制度自体は大学の先輩を通じて知りました。同じ大学の仲間は一般企業に就職する以外にも、青年海外協力隊へ行ったり、就農したりと、色々でしたから、就職以外の道は私にとって特別違和感はありませんでした。

月14万円程度の給料を町からいただきながら半年の任期をつとめあげました。

半年間の暮らしを通して、もっと自然のリズムに近い暮らしをして、何ができるかを探りたいという気持ちになっていた私は、同じく鳥取県八頭町の地域おこし協力隊に応募。採用いただいて3年間、地域おこし協力隊として勤めることになりました。

その間の所属は八頭町役場でしたが、役場にデスクがあるわけではないので、出勤は週に一度の定例会のみ。打合せなど、必要があれば役場に行きますが、赴任初期は、まず地域の人との信頼関係を築くことに注力。集落内のおばあちゃんの家に通い、梅干しや惣菜の作り方、お盆の過ごし方や神社の手入れなど、地域に根差した文化や風習を教えてもらいました。そこからヒントを得て、特産品開発や集落内外の方が交流できる農作業体験などの企画提案を行っていきました。

任期中は集落の外の活動にも多く取り組みました。八頭郡の若手生産者をつなぎ、野菜等を販売する「風のマルシェ」は販路開拓を目的として。また、地元出身のメンバーで構成される「株式会社トリクミ」が運営を手がけるカフェレストランは、県内外から訪れるお客さまの窓口となるようなイメージで、立ち上げに関わりました。

鳥取に来た当初は、同世代の知り合いもおらず、不安でした。でも、信頼関係と同じでコミュニティは自分から動かないと広がらない。だから、行事ごとに顔を出したり、同世代が集まりそうなイベントに積極的に足を運んだりして、友達や知り合いを増やしていきました。

あとは、地味な悩みですが、自宅勤務が続き、家の前に車が停まっていると、地域の人に「今日も休みかね」とよく言われることもはじめは気になりました。パソコンを使ってプレゼン資料を作っていると説明しても、なかなか最初は理解してもらえません。仕事でもプライベートでも、集落の人との感覚にはどうしても差があるので、理解し合うまでには時間がかかりました。

地域おこし協力隊の任期終了後、東京に帰ることも考えましたが、帰ったところで八頭町で魅了された暮らしは再現できないし、都心で暮らすというイメージは、もう持てずにいました。何より、任期が終わっても、集落での取組はまだまだ続いていくと思ったんです。だからこそもう少し集落内で暮らしながら、活動を継続・拡大させつつ、共に生きていきたいと感じて、八頭町に残ることにしました。

任期終了後は半年ほど八頭町内にとどまり、フリーランスとして仕事を継続することに。滞在しながらゆっくりと考えて、やっぱり八頭町に根を張って生きていきたいという自分の気持ちを確認できたので、ご紹介いただいていた日本きのこセンターにコーディネーターとして就職しました。今も同じ家に住み、仕事をしながら地域活動を続けています。

「田舎暮らし」は簡単なことではないけれど、自然のリズムや地域の良さ、町の人との関わりや一体感は、都会では決して味わえないものだと思います。その取っかかりとして地域おこし協力隊の制度を選べたことは運もタイミングもよかったと思います。もし、移住はしてみたいけれど、家も、仕事も、人間関係も不安だという人は、地域おこし協力隊を利用するのを考えてみてもいいと思います。

ただしその時は、自分が移住に求めることと、町が求めていることを、きちんと話してすりあわせて、移住後に双方が「こんなはずじゃなかった」とならないように、考えてから行動するのが大切だと感じています。

［column］

移住女子に朗報!?　女性が働きやすい都道府県

都道府県、市町村により移住の取り組みへの向き合い方は全く異なる。移住場所に悩んだとき、積極的に取り組んでいる自治体を選ぶのもおすすめだ。ここではそんな自治体のひとつである高知県から、「移住女子」にとってうれしい情報を紹介したい。

■女性が活躍する高知県

「高知の女性は〝はちきん（「男勝りな女性」「気のいい性格で負けん気が強く、はっきりしている女性」などの意）〟なんて言葉もあるくらい、しっかりしています。だからというわけではないかもしれませんが、共働き率がとても高いんです」と話すのは、高知県の移住・交流コンシェルジュの竹崎澄江さん。

さらに、高知県で活躍する女性の多さは全国トップレベルなのだ。たとえば「管理職に占める女性の割合は21・8％」「起業者に占める女性の割合は18・2％」と、ともに全国1位というデータもある（総務省統計局「平成24年就業構造基本調査」）。カフェやシェアハウスを開くのも夢ではない。移住支援として起業塾や起業相談、補助金の相談窓口などもある。

■自分の時間を持てる暮らし

とはいえ、仕事があればいいわけではない。今よりも、仕事以外の暮らしを大切にしたいと思って移住を考える人が多くいる。そこでポイントになるのは自分の時間が持てるかどうか、ということ。たとえば高知県は平日の通勤・通学にかかる平均時間が全国2位と短く、大都市圏にくらべて自由時間も長い（総務省統計局「平成23年社会生活基本調査」）。加えて自然も豊かでアウトドア環境も最高。サーフィン、トレッキング、キャンプ、カヌーなどのスポットもあり、そんなアクティビティに趣味や家族との時間を費やすこともできる。

■移住女子を全力で応援してくれる！

「高知家で暮らす。」という県独自の移住ポータルサイトでは、「日本で最も『移住』に本気」とうたっているくらい、移住に力を入れている。たとえば、東京で「高知を語る女子会」、地元・高知では「移住者女子会」など、「女性」をテーマにしたイベントも開催している。また、移住体験ツアーをほぼ月1回のペースで開催していて、先輩移住者との交流や、仕事の現場を体験するなど、旅行では味わえない〝暮らしぶり〟を知ることができる。

「高知に暮らす、たくさんの人に出会ってもらうことで、移住への一歩を踏み出してもらえれば」と竹崎さんも言うように、自分の目で見て、地元の人と話して、空気を感じてみること。それがその地域に合う合わないを判断する一番いい方法だ。

移住女子を考える

■都会に憧れて上京したけど「あれ？」

私、伊佐は「地方出身者」だ。けれども、18歳の大学進学を機に新潟から上京し、30歳を迎えた今、東京を離れることを考え始めている。上京した時は、都会的なライフスタイルや、女性でもバリバリ働ける未来、田舎と比較しての良い給与、そこで出会う人や未来のパートナーとの暮らしが、ものすごく魅力的に見えた。そして、地元ではそれが実現できない気がしていた。そう思うのは私だけではなかったらしく、実際に、東京圏に移動する若者は地元に抱くイメージとして「生活に十分な収入が得られない」「能力に応じた昇進ができない」ことを挙げているという。

東京で働く兵庫県出身のアラフィフの女性が、こんな話をしていた。「出身地が阪神間だと言うと、『田舎じゃないし、大阪でも十分に仕事はあるのに、どうしてわざわざ上京したの？』と言われることがあります。でも、少なくとも私の時代は、東京に比べたら大阪でさえ、女性は働きづらい現実がありました。関西では、娘が働くなら医者か弁護士に、という話もあるくらい。ほかに女性が安定して働ける就職先があまりないからです。実際、周りの優秀な女友達の多くは医者になって、今も働いています」

地方出身者としては非常に共感できる。私も同じようなことを感じて都会に出た。しかし30歳になって思うのだ。「あの時求めていたものはたしかに東京にあったかもしれない。だ

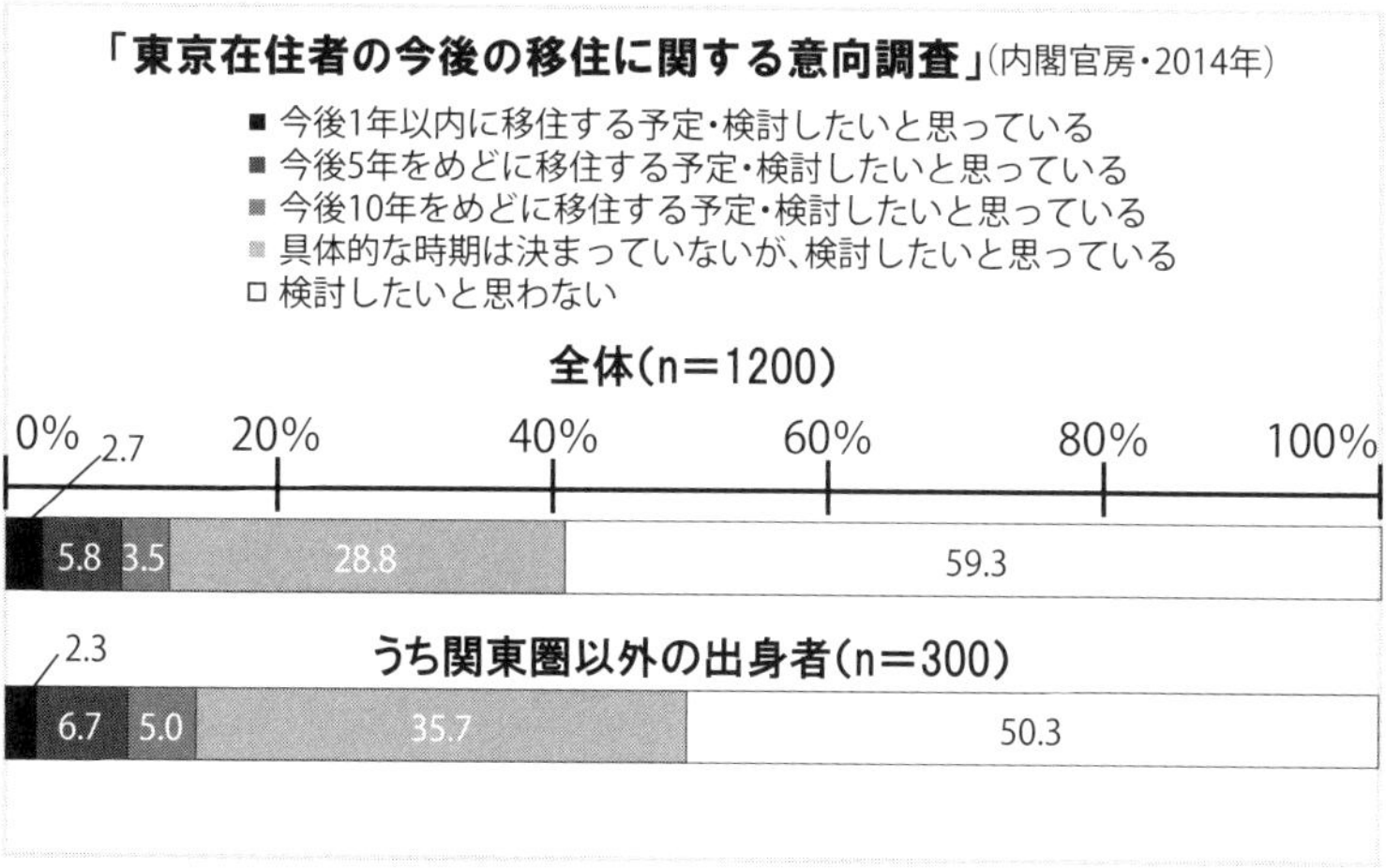

が『今求めていること』は、果たして東京にあるのだろうか？」と。よくよく周りを見渡してみると、これはどうも、私だけの感覚ではないらしいぞという気もしている。

就職、結婚、出産などのライフイベントを迎える場所は、何も都会に限らなくてもいいのかもしれない。望むライフスタイルは、田舎の方が実現しやすいのではないか。そう考える女性が増えてきたように感じている。

■なぜ都会から地方へ移住をしたいのか

「地方創生」が話題となる昨今、実際の移住者の数はどうなのか。

移住する人は年々増えている。しかも、「東京在住者の今後の移住に関する意向調査」（内閣官房２０１４年）によると、東京在住者の約４割が、「移住する予定、または移住を検討したいと思っている」という。10代・20代に絞ってみると、割合が上がり、男女ともほぼ半数近くになる。男性では50代で5割を超えるが、女性では、年代が上がるにつれて、希望割合は少なくなる。

実は東京に住む多くの人が、移住に興味を持っていて、特に若い女性の割合が多いということだ。

なぜそんなにみんなが移住に興味を持っているのだろう。

まず、生活コストが概ね下がることが挙げられる。例えば、東京23区内であれば1LDKのマンションを借りて月12万円程度(場所にもよるが)する家賃が、地方に行くと一軒家貸し切りで3万円なんてことはザラだ。しかも駐車場や庭付きで。そんな話をすると、「駐車場に3万円払っている今の生活って一体……」と東京などの都会に住む人には驚かれる。

それだけではない。「移住したらめっきり野菜を買わなくなった」という声も多い。自給自足とまでいかなくても、家庭菜園で野菜を得たり、自生しているものを採取することができたり、「おすそ分け」の文化が残っていたりすることもあるからだ。

「おすそ分け」などと聞くとささやかなイメージかもしれないが、とんでもない! 野菜のほかにも色々だ。猟が盛んな地域ならイノシシ肉やシカ肉などのジビエ肉が、漁業が盛んな地域ならアワビやサザエが、お茶栽培が盛んな地域なら摘みたてのお茶が……というように、地域によってバラつきはあるものの、「おすそ分け」は日本全国広く残っている文化のようだ。多くの移住者たちがその恩恵を受けている。食費はほとんどかからないなんて豪語する移住女子もいるくらいだ。

余談だが、実際に私も取材で行った地域で、野菜、大豆、米、自家製味噌や醤油などをいただくことが少なくない。さすがに「ほうれん草を株ごとどうか」と言われた時は、持ち帰るのに困ったのでお断りさせてもらったが。

そのほかにも、前出の調査では「出身地だから」「スローライフを実現したいから」「都会では家を購入しづらいから」「子育てがしやすい環境だから」などという理由を挙げる人が多かった。

そういった実質的な価値はもちろんだが、実はもっと大きな価値があるのだ。おそらく移住する人、移住を希望する人は、潜在的にそこに惹かれているのではないか、とも思う。

■移住することで生まれる付加価値

地方移住したことにより、自分の身の回りの環境や価値観が変化して、それまで地域になかったイベントを企画したり、特産物の商品開発を手がけたり、はたまた起業したりと、新たな活動や事業を手掛けるようになったという人を多く見てきた。彼らは移住によって新たな自分の可能性を見出したといえる。

総務省の地域力創造グループ課長の山越伸子さんはこう話す。

「田舎であるほど排他的で、移住者に対してアレルギーを持つ傾向にあるなどと言われていましたが、それはひと昔前の話です。何年も新しい若者が入ってきていない集落に、外から若者が移住してきて、その上自分たちの暮らしを評価してくれたりする。また、地域行事や仕事を一緒に手伝ってくれて、改善点や商品化の提案なんかをしてくれたら、やっぱりうれしい。『じゃあやってみよう』と移住者にスポットライトがあたっていくような流れです。もともと自治の気質があって、地域のリーダーがいるような地域ならばなおさら話は進みやすいですね。移住者・地域の人の双方の生きがいや自信となり、お互いの関係性も徐々に強くなります。そうすると地域に良い循環が生まれ、結果定住に至るというケースが、かなり増えてきた印象です」

自分の新たな可能性を、地域が認め、必要としてくれる。それは素晴らしく充足感があるはずだ。事実、取材してきた移住女子たちはみな生き生きと輝いていた。

それは、自分の新たな付加価値の発見とも言い換えられる。その目に見えやすい例として、クリエイターの移住がある。たとえばデザイナーは、もはや東京では珍しい職業ではない。しかし、パソコンも操れる、デザインもできるとなると、地方では重宝されるケースが多い。さらに、暮らし方や素材の集め方が変わることで、それまでとは違った成果物が作れるようになる可能性も秘めている。

東京在住のブロガーが、地方に移住して田舎暮らしの諸々をウェブで発信し始めたら、それが仕事になって、ついには地域の土地を購入して新規事業を始めるに至った、などという例もある。都会にいると埋もれてしまうかもしれない才能が、地方移住によって異なる価値をもって輝き始める。それは、クリエイターに限らない。

■背中を押した東日本大震災

2011年3月の東日本大震災も、移住を後押しする大きなきっかけのひとつのようだ。実際、年々増えていた東京圏へ転入してくる人数は、東日本大震災後に一旦減ったというデータもある(1年後にはまた増加に転じたが)。

いつでも欲しいときに物が手に入り、電気やガス、水道だって使いたい放題。そんな便利な暮らしは現代社会を支える生産や流通のシステムがあってこそ。それらが一度止まると、自分の手でコントロールできる暮らしが極端に狭くなることを、あの数日で思い知ったという人も多いだろう。

また、私が取材でよく聞いたのは、子育てに関する不安だった。放射性物質の問題があったため、関東圏から四国、九州へと移り住んだ家族や、夫と離婚してでも子どもを連れて移住したかったという母親など、東日本大震災をきっかけに移住を選択したという人たちがたくさんいた。慣れ親しんだ土地から急に離れるのは色々と悩んだだろうと思うが、これも少しでも自分の手でコントロールできる割合を増やしたい、という願いのひとつのあらわれだったと思う。

■自分と地域の未来を重ねて生きる

私がこれまで取材してきた移住者は数百人にのぼるが、正直に言うと、はじめは移住に大きな興味があったわけではなかった。ウェブメディア『灯台もと暮らし』の編集長をしているため、日本全国の地域を取材することが多い。その中で、徐々に移住女子たちに魅力を感じるようになったのだ。

一番惹かれたのは、彼女たちに「あなたはこれから何をしたいですか」と未来の話を聞くと、主語が「私は」から自然と「私たちは」へ変わっていくことだった。

彼女たちは自分の未来と地域の未来を重ねて見ているのだ。たとえば私が未来にしたいことを聞かれたら、「いずれイタリアのシチリア島に家がほしい」など、自分のためだけの答えが出てくる。一方彼女たちは、「自分のため」を一番に考えてはいるけれども、それが結果的に「地域のため」になる生き方をしていた。

たとえば、「本が好きで、子どもが好き。『自分が楽しいこと』を探していたら、島に唯一の図書館を作ることになった」「自給自足を目指したカフェを作り、鶏を飼い、猟をして、『田舎だからこそできる暮らしを』と追求したら、気付けば自分の暮らしが観光資源のひとつとなって、町の観光客が増えた」「移住後、友達が少なくて寂しくて、地域内の若い人をつなげる活動を始めたら、やがてそれが町内のコミュニティに発展し、今では町外からわざわざ人が訪れる定例イベントになった」など、例を挙げたらキリがない。

「自分のため」を追求した先に仕事を作るだけなら、地方でなくとも実現できる。しかしそれが自然と「地域のため」になっていくという仕事は、仕事と生活が分断されがちな都会では実現しづらいのではないだろうか。

暮らす地域を愛するがゆえに、「私たち」という主語で未来を話す彼女たち。そんなあたたかなつながりは、欲しくても得られるものではない。すぐ隣に住む人ですら、見知らぬ他人という都会での多くの現実。それは気楽な一方で、孤独とも表裏一体だ。

彼女たちの暮らしぶりを知れば知るほど、都会から地方へ移住する人数が増えているのが、納得できるようになった。

■どんな形で移住するのか

移住は以下の6つのパターンに分けられる。

〔1〕Uターン：出身地へ戻ること

〔2〕夫の実家、または親類が住むなどの地縁のある土地への移住

〔3〕孫ターン：祖父母の出身地への移住

〔4〕Jターン：出身地から都心など他県を経由して、地元に戻る際に出身県内の違う市町村を選んで戻ること

〔5〕Iターン：まったく地縁のない場所への移住

〔6〕海外移住

移住と聞いて真っ先に思いつくのは、〔1〕〔2〕〔3〕のようにもともと地縁があったり、血縁者がいたりする地域への移住ではないか。

たとえば私が移住するとしたら、〔1〕Uターンが最初の選択肢になる。理由は、移住後の暮らしが想像しやすいから。私の出身地は新潟県見附市だ。家族や友人がいる上、土地勘や幼い頃の思い出がある。現在も両親が暮らしているため、ありがたいことに住居もある。家賃についての心配が軽減されるから、生活費の予測が立てやすく、就職先はUターン後に探すという選択もできる。似たような理由から、Uターンは多くの人の候補に挙がりやすい。

実際に、進学や就職のタイミングで首都圏で暮らすことを選んだ人が、数年後に地元に帰って暮らし始めた、という事例は多い。

同じような理由で、〔2〕夫の実家、または親類が住むなどの地縁のある土地への移住を選ぶ人も多い。夫や親類などの出身地では、その家族や知人がいる確率が高い上に、彼らに土地勘もある。本書で取材した移住女子でいうと、ヒビノケイコさんがこちらにあたる。
〔3〕孫ターンを選ぶ人についてだが、私が取材した中では、「小さい頃によく遊びに行っていたから」「おじいちゃん、おばあちゃんが大好きだから」など、子ども時代に本人が人との縁や地縁を感じていたからという声をよく耳にした。
では〔4〕はどうか。先ほどの私の例で続けてみよう。私の出身地である見附市は人口4万人程度の小さな町だ。「就職や交通の便を考えると、県庁所在地の新潟市または県内第二の都市・長岡市に住居を構えた方が、これまでの都会の暮らしとギャップがなくて良いかもしれない」という考え方もできる。その結果、新潟県内の大きな町への移住を決める。Jターンを選ぶのはこんな理由が多い。

ほかにも、たとえば地方都市・仙台出身者が、東京暮らしを経た後、仙台には戻らず、もっと自然の近くで暮らそうと宮城県内の別の田舎町に移住するパターンも、Jターンに含まれる。Jターンは、後に述べる「二段階移住」との相性も良い。

また、近年注目を集めているのが、今回取材した移住女子にも多い〔5〕Iターンだ。まったく地縁のない地域へ移住するIターン。その移住先の選び方は、幼い頃に家族旅行などで遊びに行った土地や、大人になってからふらりと旅で訪れた土地、気候・立地・人間関係などを総合的・論理的に絞って決めた土地など、様々だった。都心での移住イベントで実際にその土地で暮らしている人と仲良くなり、その人を頼って何度も遊びに行ってみた、という人もいた。伊勢崎まゆみさん、島本幸奈さん、栗原里奈さん、佐藤可奈子さん、渡邉加奈子さん、西村早栄子さん、畠山千春さんがこちらにあたる。

ただし、Iターンといっても、いきなり知らない土地にぽーんと移住して、一人で暮らし始めるのはレアケース。本書の移住女子たちが良い例だが、多くの人は、誰かの背中を追って移住している。

また、地域によっては、移住斡旋を個人的に行っているキーパーソンもいたりする。そういったキーパーソンは、検索して見つかるようなものではないが、地域に足を運んで、住人と交流するうち、出会えることが多いと移住女子たちは話していた。最近は、移住促進を目的としたNPO・NGO法人が発達している地域も多いので、そういった団体を頼るのも手だ。

「地縁があったり、血縁者がいたりする土地を選びたい」という人は〔1〕〜〔4〕を。そうではなく、「新天地を見つけたい！」という人は〔5〕など、自分の希望や条件と照らし合わせて考えてみよう。

■移住に成功する人、失敗する人

結局のところ、移住の成功と失敗の分かれ目は、一体なんなのか。

もちろん、移住者自身の人柄や、移住後の振る舞い方などもある。しかし、たくさんの事例を見てきて感じるのは、やはり場所選びと、しっかりした下調べの有無が大きく影響するということだ。

地方都市へのIターン、地元へのUターン、中規模都市へのJターン、田舎、限界集落へのIターンなどなど、移住の方法や移住先の規模によっても大きく異なる。

また、移住者呼びこみに積極的な自治体でも、移住者第1号なのか、それとも移住者の先輩や地域おこし協力隊の卒業生がたくさんいる段階なのかなど、移住に対する成熟度によっても状況は変わる。

どんな人が失敗しやすいのかというと、移住の理想像を固めすぎ、それを知らず知らずのうちに周囲に押し付けてしまう人だ。

たとえば地域との関係を築く前の段階で持論を展開してしまい、結果として孤立し、地域から出て行ってしまう人。あるいは「田舎でカフェ（ショップ）経営が夢だったんです！」とキラキラした目でやってきて、既存の起業マニュアルを真似した結果、集客が上手く行かず、意気消沈し店をすぐにたたんでしまう人などだ。
あとは「ただのんびりと暮らしたいだけだし」と地域の大切にしている行事やまつりごとに全く無関心・無参加な人も、地域との関わりが薄くなり、孤立してしまうことが多いようだ。

ただ、やはりこれらについては移住先が地方都市なのか、中規模町村なのか、限界集落なのかなどによって大きく異なる。移住することによって自分は何を実現したいのか、どんなライフスタイルが送りたいのか、そして検討している移住先にはその希望が叶えられそうな土壌があるのか、といったことをできる限り事前に考え、調べるのをおすすめしたい。

地方創生を担当する、内閣官房まち・ひと・しごと創生本部事務局次長の頼あゆみさんがこんな話をしていた。
「東京圏への人口流入は、実は地方の大都市からが多いというデータがあります。2015年であれば、上位から札幌市、仙台市、大阪市、名古屋市、福岡市といった具合です。たとえば東北であれば、青森、秋田などの近隣5県から仙台に人が集まり、その仙台からは東京圏へ人口が移っていくという流れがあるのです。一方、肌感覚ですが、東京圏からの移住は、この流れを逆にたどっている方が多いような気もします。最終的に東北の田舎に移住したいのであれば、まずは仙台や新潟など地方都市へ。そこでしばらく生活しながら、週末や休暇を利用してさらに自分に合ったところを探して、最終的な定住先を見極めるというやり方が、遠回りなように見えて、実は良いステップだったりするのではないでしょうか」

頼さんが言っているのは、いわゆる「二段階移住」のことである。

私はこの意見に大賛成だ。もちろん、気に入った土地がもう見つかっているなら、直接移住してもいいと思う。しかし、漠然とこのあたりの地方に住みたいという気持ちはあっても、具体的な地域まで決断しきれずにいる移住予備軍は、「地方中核都市」→「希望の地域」という、二段階移住を視野に入れてみると、移住がしやすくなるかもしれない。

事実、移住女子たちも、この二段階移住を薦める人、実践していた人が多い。まずはある程度、今まで暮らしてきた都会でのライフスタイルをスライドできる町を選び、そこからさらに移動したければより田舎を選ぶ。それにより、暮らしの変化によるギャップが埋められる、と語る移住女子は非常に多かった。もちろん、最初に引っ越した地方中核都市の半都市・半田舎的な暮らし方が肌に合ったら、そこにとどまってもよいのだ。移住後、就職を考えている人は、限界集落よりも就職先が見つかりやすいというメリットもある。

■実際に移住がしたくなったら

では、実際に移住がしたいと思ったら何を準備すればいいのだろう。よく聞かれるのは、仕事、お金、家のこと。また、そもそもどこに移住すればいいのか、という大前提の場所についても大きな問題となる。

【移住先編】

案外多いのが、「どこへ移住したらいいでしょう？」という質問だ。移住したい気持ちはあるものの、どう探したらいいか見当がつかないという。確かに、地縁などを考えないのであれば、選択肢は無限大。迷うのも無理はない。

移住先は、旅行で訪れて好きになった場所、思い出のある場所、知り合いや地縁のある場所……などというのが一般的だ。だが、もし「新天地を探したい！」ということであれば、移住促進イベントに参加してみるのも良い。検索すると、実は毎週のようにどこかしらで行われている。

イベントがきっかけで移住にいたった例も多い。２０１５年12月の「全国移住女子サミット」という東京・神田でのトークイベントでのこと。そこに参加した一人の女性は、イベント後、登壇者の一人と連絡を取り続け、実際にその人の住む地域を訪問。最終的には「地域おこし協力隊」（P・１２４参照）となって、東京圏からの移住を果たした。このように、イベントに足を運んでみると、興味のある地域に実際に暮らす人に出会えるのでおすすめだ。

また、東京近辺に住む人なら、有楽町駅前にある東京交通会館内の「ふるさと暮らし情報センター・東京」という移住サポートブースも便利。移住の相談に乗ってくれる各都道府県のスタッフが常駐していたり、県や自治体主催の移住促進イベントやトークショーが随時実施されていて、各自治体が開催する地域体験ツアーの案内が行われることもある。規模は異なるが、この「ふるさと暮らし情報センター」は、大阪にもある。アンテナショップに移住相談窓口が併設されていることも多いので、気になる土地があったら窓口を訪ねてみるのも手だ。結局のところ、移住先に対する愛情、これに尽きると思う。「この人がいるから」「海がきれいな場所に住みたい」「米や野菜がおいしいところ」……なんだっていい。自分は何がピンとくるか、何を好きになれそうかを知るところからはじめよう。

〔住まい編〕

では、家はどうしたら良いだろう？　全国の各自治体が移住者支援で特に力を入れているのが、住まいに関わる支援制度だ。定住促進奨励金や、住宅建築補助、リフォーム支援など、多種多様な支援制度が用意されている。

「空き家バンク」制度の利用という手もある。空き家バンクとは、各自治体が、民間の不動産会社とは別に、移住者向けに空き家情報を提供する仕組みのことで、運用状況は自治体によって異なる。移住・交流が目的のため、借り手側にも「地域と積極的に交流する」など、ある程度の覚悟が求められるが、物件によっては修繕自由、別途有料にて田畑の賃貸が可能などの物件もあり、サイトを覗くだけでも楽しい。

また、空き家バンクに登録されていない物件も多数ある。移住女子への取材では毎回住居について質問するのだが、ほぼすべての人が、空き家バンクを利用せず、自主ルートで物件を見つけている。地域に通う中で知り合いを通じて見つけたり、住みたい地域を散策していたときに空き家になっている家を見つけたりと様々だ。空き家バンクを使って相場観を確かめておき、実際に現地に足を運んでみるのがおすすめだ。

ちなみに一人暮らし向けの1K、1DKなどの間取りの物件は少なく、1棟貸しの方が家賃が安い場合が多い。また豪雪地帯ほど空き家は少なくなっていく。人の住んでいない家は雪かきが難しく、積もる雪の重みに耐え切れない。一冬を越せずに潰れてしまう恐れがあるため、家を空き家にする際に壊して出て行ってしまう人が多いからだ。

このように、地域によって差異があるので注意してほしい。

〔お金と仕事編〕

お金と仕事は、多くの人が移住を検討する際にもっとも悩むことだと思う。移住を考える際は、どれくらい資金を用意したら良いのだろうか。移住の目的や移住後の理想のライフスタイルによって異なるが、「まずは100万円貯めて移住した」という人が多いようだ。移住女子を見ていると、移住後すぐに現金収入がある程度得られる仕事が見つかるケースも多い。家賃や交通費、食費、光熱費などの当面の生活資金として、100万円あればまあ大丈夫ということだろう。

移住後の仕事というと、都会での転職と同じように、転職エージェントやハローワーク、知人や親戚を頼っての転職、起業が一番に思い浮かぶという人が多い。店や農業、畜産業など、家業を引き継ぐという人もいるだろう。だが、実際にはそのほかの選択肢もある。

たとえば、都会の仕事をスライドさせること。これは、デザイナーやライターなどのようにある程度場所を変えても仕事ができる職種に就いていた人が、地方移住してからも同じ仕事を続け、フリーランスとして収入を得るケースが多い。本書でいうと、ヒビノケイコさんなどがこちらにあたる。

また、メインの仕事を支える「副業」ではなく、「複数の業務を掛け持ちする」スタイルで働く、いわゆる「複業」を選ぶ人も増えている。これは、月に稼ぎたい額が20万円の場合、1つの仕事ですべてを稼ぐのではなく、月あたり5万円稼げる仕事を、4つ掛け持って同じ額を稼ぐ、という考え方だ。本書では渡邉加奈子さんがこの「複業」を推奨していた。

在宅ワークが受注できる「クラウドソーシング」などを通じて、データ入力や情報収集、文字起こしなどの簡易的な仕事を自宅で行ったり、庭で作った野菜を地元のマルシェで販売したり、地元のスーパーでアルバイトをしたりする方法がある。趣味のネイルやアクセサリー作り、裁縫などを拡大して、ちょっとしたお小遣い稼ぎをする人もいた。

移住先によっては、季節労働を組み合わせることも可能だ。農業が盛んな地域では、田植えや収穫など、農繁期の仕事を期間限定で手伝ってくれる人や、海辺の地域では、夏の観光シーズンの宿泊所スタッフ、雪深い地域では、冬場だけのスキー場のリフト受付スタッフなど、通年雇用は難しいが、季節によって人員を募集するケースが実は多い。こういった仕事を組み合わせると、通年での「複業」も可能となる。

実際に、「マルチワーカー制度（※1）」といって、季節労働を組み合わせて通年雇用を保障している自治体もある。

（※1）：観光協会が派遣業の免許を取得し、春はイワガキの養殖場、夏は観光ガイド、秋はイカの凍結センター、冬はナマコの加工場での作業といった、単独では通年雇用が難しい仕事を組み合わせて通年雇用を確保する「島のマルチワーカー」という雇用形態を構築している（島根県海士町）。

総務省が実施する「地域おこし協力隊」という名の、お試し移住制度に応募することもできる。採用されると、自治体内の観光協会などに配属され、毎月給与を得ることができる上、住居も支給される。期間は最長3年間。任期終了後にそのまま定住する人も多いため、最近は募集を始める自治体が増えてきた。移住後の仕事の見つけ方について、とある移住女子の話が印象的だった。

「地方だからといって、就職先がないわけじゃない。地域にもよりますが、農業や林業、漁業といった一次産業以外の選択肢も確実にあります。でもウェブで情報を検索しているだけでは、希望の仕事は見つからないと思います。移住を検討する人から、よく相談を受けますが、タイミングが合えばその人に就職先を紹介することもあります。ただ、そのほとんどがウェブ上に載っていない、人づての情報です。それさえキャッチできれば、案外仕事はたくさんあります。おまけに少子高齢化だから人手不足の場合も多いし、伝統工芸や狩猟など、地域に根ざした仕事であれば、なおさらです。探し方を変えれば移住先でも仕事は見つかるのではないかと思います」

移住先にしろ、住まいにしろ、仕事にしろ、今住む場所にいながらにして見つかる情報には、限りがある。移住成功への道は、まずは足を運び、自ら動くことが重要なのだ。

■移住女子はなぜ魅力的なのか

「田舎はユートピアではない」

移住女子たちを取材する中で、本人たちからも、地域の人たちからも、何度も聞いた言葉だ。移住は、すべてを解決する魔法の手段ではない。けれども、私が取材した移住女子たちは、「移住してよかった。毎日が最高に楽しい！」と、みな満足そうに生きていた。

彼女たちに共通しているのは、辛い出来事であっても、「乗り越えるべきわくわくする出来事」として捉え直し、向き合う強さを持っていることだった。もちろん全員が、そんな強さを移住前から持っていたわけではない。それは、移住を決めたり、実際に行動に移したり、移住先での新たな人間関係や価値観に触れる中で培われていったのだ。移住の先に待つのは、与えられるのではなく、自分で人生を選び取ったあとにある満足感なのではないだろうか。

だからこそ、彼女たちは輝いて見えるのだ。

［column］

とある移住女子の日記　～東京出身の私がIターンをするまで～

「一体どうやって移住したらいいんでしょう」。そんな質問をされることがある。ここではそんな方に向けて、日記形式でシミュレーションを紹介。自分ならではの移住イメージを膨らませてみよう。

1月◎日　移住って意外と身近にあるのかも？

『移住女子』ってタイトルに惹かれて本を買ってみた。友達にもいるんだよね、最近移住した子。自然に囲まれて仲間と暮らす、彼女の生活はとても楽しそうだけど、現実問題、仕事もあるしなぁと思っていたところにこんな本。「100万円あれば当面の生活費は何とかなる」のか……。私も頑張れば行けそうだ。

1月×日　まずはネットや雑誌で情報収集を！

移住するならどこがいいんだろう？　まずは検索してみよう。とりあえず、昔祖母が住んでいた鳥取県を……。「鳥取県　移住」で検索したら、移住・定住サポートサイトの「鳥取来楽暮《とっとりこらぼ》」がヒット。「公益財団法人ふるさと鳥取県定住機構」のＦａｃｅｂｏｏｋページがあったから、「いいね！」をポチッとしてみた。

2月△日　移住・就職相談会を探してみる

Ｆａｃｅｂｏｏｋを見ていたら、タイムラインに鳥取県の移住セミナー情報が流れてきた。「参加無料・予約不要」「移住相談ブースの設置」「先輩移住者セミナー」「【同時開催！】鳥取県Ｕ・Ｉターン就職相談会」。参加無料なら、行ってみてもいいかも。場所は有楽町だし、帰りにショッピングしてもいいな。

2月◎日　「ふるさと回帰支援センター」に行ってみる

有楽町にある東京交通会館の「ふるさと回帰支援センター」での移住イベント当日。鳥取県はもちろん、他の自治体の「移住アドバイザー」から直接話を聞けた。その中でも、鳥取県岩美町の地域おこし協力隊の女性の話が一番心に残ったなぁ。

2月×日　住居検索サイトで家探し

イベントで教えてもらった、鳥取県の住居検索サイト「とっとり暮らし住宅バンクシステム」を開いてみる。「海辺暮らし」「山暮らし」「田園暮らし」「街なか暮らし」「古民家風」「小学校が近い」「買い物が便利」「病院が近い」「駅が近い」などからチェックして探せる。

「温泉が近い」「菜園または田畑があるｏｒない」まで選べる！　試しに「海辺暮らし」「古民家風」「駅が近い」で探してみたら、2件ヒット！　1ＤＫの35平米、築10年で家賃は月4万5０００円。同じ間取りの部屋が、東京だと倍はする。

5月◎日　実際に移住先へ行ってみる！

仕事の休みを利用して、岩美町を見に行ってみることに。鳥取空港から車で30分程度。海は沖縄みたいに透き通っているし、サーフィン好きの夫婦が営む海沿いのカフェが最高に気持ちいいし、おしゃれなゲストハウスもちらほら。岩美町に惹かれて移住した若い世代がつくった店も多いとあったけれど、町全体が本当に素敵。町中のスーパーなども実際に見てみた。ぼんやりしていた移住後の暮らしが、少しずつ具体的になってきた気がする。

5月△日　移住イベントで面接!?

鳥取の移住イベントに再び参加。地元企業の採用担当者がブースを出していて、なんと、その場で予備面接が可能なところもあるらしい。実際の話を聞いて、移住したあとの働き方もイメージできてきた。

6月◎日　現地で仕事や家探しなどの移住準備①

岩美町への移住を本格的に決意。地域おこし協力隊の募集があるかもチェックしつつ、就職活動をはじめた。ついでに住宅バンクで見て迷っていた家の見学にも行ったら、不動産会社の人がさらにいくつか紹介してくれて、そちらの家がもっとよかった！

7月×日　現地で仕事や家探しなどの移住準備②

しばらく就職活動した後、無事に面接合格！　勤めていた会社に仕事を辞める意思を伝えた。仕事が決まったので、この前見に行った海のそばの家を借りた。まだ空いててよかった……。

8月◎日　新生活スタート！

新生活を開始してまずはご近所に挨拶まわり。今は鳥取県岩美町の美しい自然を間近に、毎日充実した日々を送っている。海沿いのカフェで友だちとお茶をしたり、サーフィンを習ったり。新しい仕事も来月からはじまる。まだまだ慣れないことも多いけれど、自分で選んだ土地だから、楽しく暮らしていきたい！

［column］

移住女子はモテるのか？

■私って、こんなにモテたっけ……

『東京タラレバ娘』という、東京在住アラサーおひとり様女子たちの、恋と生き様を描く漫画がある。その中で、33歳の主人公の女性が「もう若くなくなった」と嘆くシーンがあった。婚活をしても、合コンに行っても、もう大学生や20代前半の女性たちには、若さでは敵わない。しかし、そんな折、旅で訪れた地方の港町で、主人公は予想外に「若者扱い」される自分に出会う。「30代なんてまだピチピチじゃ、若い」「そんな美貌で仕事もできるなんて」ともてはやされ、もう一度仕事と自分への自信を取り戻す……そんな展開だ。

私もこの数年の地域取材で、何度も同じような体験をしてきた。それも当然で、相対的に住人たちよりずっと若いことが多いのだ。20、30代はもちろん、下手すると40代だって「若者」の範疇。中年っていったいいつからだっけ？なんて思えるほど、チヤホヤしてもらえる。

■移住女子は本当にモテるのか？

私は「移住女子はモテる！」と言いたい。今まで取材してきた移住女子たちにもこの問いを投げかけると、「モテると思う」「出会いが多い」「よく地域の若手・未婚男性を紹介される」「かわいがってもらえる」などの意見が出た。

それはなぜか。ひとつに、『東京タラレバ娘』的な相対的若さがあげられる。若者が少ない地域が多いから、自然と若者のカテゴリーに入る。そのうえ未婚の女性が少ないとあれば、モテるのも納得していただけると思う。

もうひとつ、地域ならではの密接な人間関係があげられる。都会では、下手すると地域の付き合いは何もない。職場や友人・知人、あるいは紹介などから相手が見つからないとなると、新たな出会いは積極性がないと難しい。「出会いがない！」と嘆く人も多い。

地方では打って変わって、地域の行事や、日々の掃除、「お茶飲み」などの地域ならではの習慣、道端での挨拶など、一見ささやかなことでも出会いとなる。それは、おそらく人と人との距離が近いから。また、行事やイベントは一人では回せないから、自然と複数人での共同作業や、連携プレーが発生するため、恋愛にも発展しやすい。これまで取材で出会った人たちの恋愛事情を振り返ってみると、移住後に恋をして、そのまま現地で結婚した、という例はたくさんあった。

■移住は新たな出会いにつながる

自分が変わるには場所と付き合う人を変えるのがてっとり早い。話は飛ぶが、インドに行ったことはあるだろうか。私は一度だけ、29歳のときに一人でインドのアグラという町を訪れたことがあるが、異常にモテた。アグラは世界遺産としても有名な霊廟「タージ・マハル」がある町だ。そこを歩いているだけで、冗談ではなく24時間以内に100人以上に声をかけられた。最終的には防犯の意味で警備員に保護されるという事態に。そんな経験は人生で初めてだった。それは、インドだったからだ。

インドでは肌の白さがよいとされると聞く。私は日本人として特段肌が白いわけではないが、インドでは白く見えた。極端な例だが、場所を変えるだけで自分への視線が変わるということだ。

移住だって、それと同じようなことが起きる可能性がある。移住志望の女子が、新たな出会いを求めて移住したって、全然かまわないと思うのだ。

おわりに

本書を手にとり、あとがきまでたどり着いてくださってありがとうございます。「移住女子」たちの生き方や背景はどう映ったでしょうか。

筆者である私も、言うなれば「移住女子予備軍」。本書の原稿を書く中で、じつは自分自身の今後についてもすごく考えさせられました。

なぜかというと、20代後半を過ぎた頃から「私の人生、このままでいいのかな？」と思い悩むことが増えたから。

さらには、本書の制作期間が、奇しくも私の人生最大の挑戦である「世界一周をしながらライター・編集者の仕事をする」という、新しいライフスタイルの実践期間に重なっていたからです。

もうすぐ終わりを迎える長期の放浪の旅の後、どこに根を張って暮らすのか？　これが私の目下の課題。

地元・新潟に戻る、新天地へ行く、はたまた海外移住や多拠点居住にトライする……。選択肢は複数ある気がしますが、まだ固まっていません。

けれど、いずれにせよ、暮らす場所は自ら選ぶと決めています。理由は、その方が幸せになれると「移住女子」たちが教えてくれたから。

もし本書を手にとってくださった方が、「移住をしてみたい！」と思ったならば、簡単なことからで良いので、実現に向けて一歩を踏み出してみてほしいなと思います。

もちろん、冒頭でも述べた通り、移住がすべてを解決するわけではないし、動き出してからも、大変なことや、新たに思い悩むことが出てくるでしょう。

けれどやっぱり、自分の意思で道を切り開いていく人生は、何事にも代えがたい素晴らしい生き方ではないでしょうか。

可能性を狭めているのは、もしかしたら自分自身かもしれない。

人生に真摯に向き合う姿勢の大切さを、私は移住女子たちから学びました。

最後になりますが、本書制作にあたり、改めてお礼を申し上げたい方がたくさんいます。

「移住女子」という言葉は、「にいがたイナカレッジ」という団体の活動から生まれたものです。この「にいがたイナカレッジ」が主催する「全国移住女子サミット」に端を発し、本書の刊行に到りました。

まず、「にいがたイナカレッジ」の活動にかかわる皆さん、取材に協力してくださった「移住女子」の皆さん、新潮社出版企画部の郡司裕子さん、川端優子さん、『灯台もと暮らし』の活動を通じて知り合った方々など、多くの方に本当にお世話になりました。ありがとうございます。

本書を読んでくださった方が、より幸せで納得感のある人生を歩めますように。

協力　にいがたイナカレッジ／日野正基

本書に記されている情報は取材当時のものです。

この作品は、書き下ろしです。

移《い》住《じゅう》女《じょ》子《し》

２０１７年１月25日　発　行

著　者／伊《い》佐《さ》知《とも》美《み》
発行者／佐藤隆信
発行所／株式会社新潮社
東京都新宿区矢来町71
郵便番号１６２―８７１１
電話　編集部（０３）３２６６―５６１１
　　　読者係（０３）３２６６―５１１１
http://www.shinchosha.co.jp
印刷所／大日本印刷株式会社
製本所／株式会社大進堂

ISBN978-4-10-350691-1　C0095
価格はカバーに表示してあります。